# 大话
# 计算机科学

## 生活中的计算思维

商静波　赵馨　著

×

费赛尔　绘

U0387748

清华大学出版社
北京

## 内 容 简 介

计算机科学是当下最火热的学科之一，看似复杂、高大上，其实离每个人并不遥远。本书作为该学科的专业科普图书，通过常见的生活场景切入 38 个计算机科学知识点，涵盖计算机科学本科教育中的经典课程，包括大一、大二必修的"程序设计""数据结构""算法"课程，以及大三、大四选修的"数据科学""机器学习""智能系统""信息安全""计算机硬件"等课程。每个知识点通过独立故事呈现，读者可以按任意顺序阅读。

本书最大的特色是，以一个个日常生活中的寻常事例来讲计算机科学，没有公式和代码，旨在从原理和本质上讲透计算机科学的重要概念，同时让读者真切体会到计算思维在生活中随处可见。本书不仅故事丰富有趣，还配了精美插图，方便读者透彻理解内容。

本书适合对计算机科学感兴趣的中学生和非专业大众读者，亦可以作为高等院校计算机相关专业的导论课程、非计算机专业的通识课程的教材。

**图书在版编目（CIP）数据**

大话计算机科学：生活中的计算思维 / 商静波，赵馨著；费赛尔绘 . -- 北京：清华大学出版社，2024. 9（2024.11 重印）. -- ISBN 978-7-302-67199-2

Ⅰ . TP3-49

中国国家版本馆 CIP 数据核字第 2024NK7568 号

责任编辑：王中英
封面设计：杨玉兰
责任校对：徐俊伟
责任印制：刘　菲

出版发行：清华大学出版社
　　　　网　　　址：https://www.tup.com.cn，https://www.wqxuetang.com
　　　　地　　　址：北京清华大学学研大厦 A 座　　　　邮　　编：100084
　　　　社 总 机：010-83470000　　　　邮　　购：010-62786544
　　　　投稿与读者服务：010-62776969，c-service@tup.tsinghua.edu.cn
　　　　质 量 反 馈：010-62772015，zhiliang@tup.tsinghua.edu.cn
印 装 者：北京博海升彩色印刷有限公司
经　　销：全国新华书店
开　　本：170mm×240mm　　　印　　张：17.5　　　字　　数：276 千字
版　　次：2024 年 9 月第 1 版　　　印　　次：2024 年 11 月第 2 次印刷
定　　价：99.00 元

产品编号：108089-01

# 推荐语

This is an excellent book on computer science for beginners. It takes complex concepts and breaks them down into simple, everyday language that anyone can understand. The illustrations are top-notch, and the connection between technical ideas and daily life is masterfully done. Whether you're new to computer science or just curious, this book is an absolute must-read. It's engaging, enlightening, and incredibly inspiring.

这是一本非常适合初学者的计算机科普读物，它将复杂的概念分解成简单的、日常的语言，使得任何人都能轻松理解。这本书的插图非常出色，技术思想与日常生活的联系处理得非常巧妙。无论你是计算机科学的新手，还是只对计算机科学感到好奇的读者，都非常推荐阅读本书——它既有趣又有启发性，令人非常振奋！

John Hopcroft（约翰·霍普克罗夫特）
1986 年图灵奖（计算机科学领域最高奖）得主，
2024 年中华人民共和国国际科学技术合作奖得主，
康奈尔大学终身教授

A truly interesting book that introduces advanced computer science concepts in such story-telling way that everyone can understand and enjoy! I love reading it!

这本书极其有趣！它通过讲故事的方式介绍了计算机科学中的复杂概念，让每个人都能轻松理解并沉浸其中。我爱不释手！

韩家炜

美国伊利诺伊大学厄巴纳香槟分校（UIUC）终身教授，

Michael Aiken 讲席教授，ACM Fellow，IEEE Fellow，

加拿大皇家科学院 Fellow

《大话计算机科学：生活中的计算思维》以生动有趣的实例和深入浅出的讲解，帮助读者掌握重要的计算机科学知识，并且在日常生活中运用计算思维来解决实际问题。这本书应该成为追求卓越的科技工作者和计算机爱好者的必读书目。

李航

字节跳动研究部门负责人

在数据和智能技术席卷全球的新时代，计算机科学成为国家发展和行业变革的重要基础，掌握计算机科学基础知识也将获得不同维度的思考视角和思维方式，从而激发更大的生产动能。本书用生动有趣的事例，深入浅出地演绎了计算机学科的基础知识，帮助读者轻松进入数字世界，开启一场奇妙的探索之旅。

郑宇

京东集团副总裁，IEEE Fellow，

国家万人计划科技领军人才

本书通过生动有趣的例子，深入浅出地科普了计算机科学中从基础到前沿的各种知识。对于想入门计算机科学的同学、想引导孩子进入计算机领域的家长、希望获取灵感普及知识的专业人员，这本书都是非常适合的，强烈推荐给大家。

陈天奇

卡耐基梅隆大学（CMU）机器学习和计算机系助理教授，

知名开源项目 TVM、MXNet、XGBoost 作者

计算思维是现代生活中应对复杂问题的关键能力。本书以日常生活案例为切入点，为读者打开计算机科学世界的大门，是一本激发兴趣、培养思维的难得佳作，强烈推荐！

李亚洲

"机器之心"联合创始人、主编

我和业界很多前辈讨论过一个问题——能在计算机科学领域做得好的人，最重要的思维能力是什么？所有人最终的结论都一样，那就是具备"抽象思维能力"，这是一种能从复杂的事务中抽象出本质的能力，是学习计算机科学最重要的能力。可是，抽象思维能力本身就是一个抽象的东西，很难传授这种能力。在看到《大话计算机科学：生活中的计算思维》这本书之后，我意识到这本书讲的其实就是抽象思维能力，从日常生活中的现象中理解计算机科学的道理，就是对这种能力的锻炼。希望有更多年轻的朋友能够通过这本书了解到计算机科学并不是什么神秘莫测的东西，能够走进计算机科学的殿堂。

程墨

迪士尼流媒体技术总监，知乎新知答主

计算机的发明初衷是让它像人一样思考，因此它的另一个中文译名"电脑"格外贴切。经过近百年的发展，计算机已经凝聚了全球最杰出的人脑的智慧。如今，随着人工智能时代的到来，人类更应向计算机学习，将智慧用到自己的生活中。愿读者能通过阅读本书，学会商老师和赵律师的生活中的"电脑"智慧。

黎珍辉

商老师在上海交大和 UIUC 的双料学姐，

也被评过宾夕法尼亚州立大学终身教授

# 推　荐　序

当我翻开《大话计算机科学：生活中的计算思维》这本书时，有一种如释重负的心情——这是我一直想做而一直没时间做的事。作为一名长期致力于计算机科学教育的学者，看到这本书的问世，我心中充满了难以抑制的喜悦和激动。这是一本真正意义上的计算机科普读物，尽管此类科普读物不少，但是在不同程度上都难以摆脱"专业味道"，很难用"大白话"解释计算机科学的概念与术语。另外，现有的科普读物往往局限于某一具体技术领域，或通过漫画等形式呈现，但未能全面涵盖计算机科学的重要知识点。还有，我们多见的中文科普读物多半是由外国作者撰写再翻译的，结合中国本土事例的原创计算机科普读物乏善可陈。《大话计算机科学：生活中的计算思维》巧妙地将计算机科学与我们的日常生活紧密结合，真正实现了知识与现实的无缝对接。

在我 38 年的教育生涯中，有幸培养了许多非常优秀的学生，而商静波无疑是其中最出色的一位。他不仅拥有扎实的计算机专业知识，更重要的是，他还具备全面发展的卓越能力。商静波不仅在学术上表现卓越，还拥有将复杂的计算机知识化繁为简的能力，他把这些知识融入日常生活，与非计算机专业的人群对话和沟通。更难能可贵的是，商静波愿意把他的知识、心得与更多的人分享。商静波从上海交通大学 ACM 班本科毕业后，赴美深造，他在博士毕业后获得了在加州大学圣迭戈分校计算机系和数据科学学院的助理教授职位；2024 年 5 月，被评为了加州大学的终身教授（Tenure），同时晋升为副教授。在商静波加入加州大学的短短 4 年多的时间里，他便获得这一瞩目的成就，其背后的付出、辛劳和不易可想而知。尽管如此，他不只是埋头专注于自己的学术领域和关心自身的得失，还无私地抽出了大量的个人时间来创作本书，以期鼓励下一代思考和学习，这令我深深感动和自豪 —— 他不仅是一位学术领域的翘楚，更是一位有着教育情怀和心怀大爱的知识传播者。

《大话计算机科学：生活中的计算思维》写得非常精彩，书中巧妙地将计算机科学的复杂概念与生活中的平凡小事相结合，娓娓道来，令人耳目一新。我相信，无论你是计算机领域的初学者，还是对这个学科充满好奇的读者，都能在书中找到乐趣和启发。

我认为，好的科普读物，扎实的"科学知识"是基础，巧妙的"常理解释"是关键。《大话计算机科学：生活中的计算思维》通过实际生活中的例子开篇，有很强的趣味性，能够激发读者的兴趣和好奇心；同时，本书的概念讲解和实际应用结合紧密，非常有助于读者理解。逛超市、就医这些平常事在本书里化作一个个生动的例子，增强了本书的可读性，也拉近了读者和计算机科学的距离。这本书的创作团队不仅有专业人员，还有非专业人员，这也正是本书和其他科普读物不同的地方 —— 商静波对计算机科学的核心概念讲解到位，赵馨的润色使其更加平易近人，费赛尔的插画细致传神，三者相得益彰，让枯燥的技术概念变得既通俗易懂又生动活泼。这种完美的融合不仅让读者从中获得知识，更为读者提供了一场视觉与心灵的盛宴。

此外，商静波在本书中不仅仅传递了计算机的专业知识，他更鼓励大家理解书中倡导的计算机科学思维（简称计算思维）。计算思维是一种非常重要的思维模式，它不仅能全方位提高人们的学习、工作和生活效率，还能帮助人们在面对复杂问题时，找到科学、合理的解决方案。这种思维方式也正是我们在当今快速变化的社会中所需要的。这本书不仅能带领读者探索计算机科学知识的奥秘，更能引导读者去拓展思维的边界和培养创新解决问题的能力。

总之，这本书是难得一见的佳作，它如一座桥梁，将日常生活连接于科学的高峰，又将抽象的专业领域连接于每一个人的生活。毫无疑问，这本书值得每一个对计算机科学感兴趣的人仔细阅读，也强烈地推荐给家有适龄孩子的家长，你们可以与孩子一起欣赏阅读。希望这本书能成为广大读者通向计算机科学世界的一扇门，能够让更多人喜爱和学习计算机科学知识！

俞勇

国家高层次人才特殊支持计划教学名师，

CCF（中国计算机学会）杰出教育奖获得者，

上海交通大学教授、ACM 班创始人

# 前　言

　　计算机科学，这个看似复杂、高大上的学科，其实已经几十年如一日地、润物细无声地影响了人们的日常生活。从硬件的角度来看，个人计算机、智能手机、可穿戴设备，已经深入生活；从软件的角度来看，搜索引擎、推荐系统、人工智能等，已经无处不在。作为当下最火热的学科之一，计算机科学其实就在每个人的身边。

　　很多人都想学习计算机科学，但是不知道从何学起。因为计算机科学是建立在数学之上的科学，其理论本身对数学和逻辑的要求较高，所以计算机科学是一门门槛较高的学科，因而非专业读者对计算机科学相关的书籍有畏难情绪也就不难理解了。

　　本书作为计算机科学的科普图书，旨在通过日常生活里的寻常事例，将看似晦涩深奥的计算机科学的核心概念和知识鲜活地呈现在读者面前，为非专业但是对计算机科学感兴趣的读者提供一个独特而生动的学习途径。本书没有冗长复杂的理论、公式，取而代之的是中国本土广为大众所熟知的事例。本书适合对计算机科学感兴趣的广大读者阅读。

　　本书的内容可以解构为"科"和"普"两部分，由商静波和赵馨负责文字部分，由费赛尔负责配图工作。下面由商静波和赵馨分别从"科"和"普"两个角度向读者介绍本书。

## 从"科"的角度看本书——商静波

我有幸能很早地接触、钻研计算机科学：小学五年级暑假初学 Pascal 编程，拿到本市小学生竞赛第一名；初高中参加信息学奥林匹克竞赛，获得亚太地区国际金牌；在上海交通大学 ACM 班完成本科学习，并代表学校参加国际大学生程序设计竞赛，获得世界亚军；在美国伊利诺伊大学厄巴纳香槟分校（UIUC）师从数据挖掘开山鼻祖韩家炜教授，获得博士学位；在美国加州大学圣迭戈分校（UC San Diego）任教，用了 4 年多的时间，成为加州大学历史上最快获得计算机系和数据科学学院终身教授职位的人之一。

根据这一路的观察和总结，我认为在计算机科学的学习过程中，最重要的并不是对于知识点的掌握，而是对一整套思维模式的训练，这种思维模式就是计算机科学思维，简称**计算思维**。

计算思维，是一种将具体问题抽象化，并在抽象层面进行逻辑推理的模式。这种思维模式和以记忆、学习知识点为主的模式有本质的区别。它是一种更高效、简洁的思维模式，非常适合应对高速发展的现代社会——新知识不断涌现，亟须用计算思维加以推理总结、活学活用。计算思维也恰好是 ChatGPT 这类大模型所欠缺的：ChatGPT 所体现出来的智能很大程度上来自对海量知识点的记忆和学习。写作这本书的初衷是让每个人都能接触到计算思维这个概念。通过具体实例，以小见大，在传递知识的同时，更注重思维模式的培养，让读者可以领略到计算机科学家思考问题的方式，从而做到一通百通。阅读本书不仅能让读者对计算机科学产生浓厚的兴趣，还能帮助读者更深刻地学习计算机专业知识、梳理体系。我期待和鼓励读者在读完本书后，通过计算思维来解读、思考日常生活中的小事，从而得到不同的理解。这样的思维方式不仅局限于计算机科学，更是一种通用的从科学角度分析问题和理解问题的精神。

为了实现这个目标，全书通过"我"（即计算机科学家商老师）的视角，把生活中的衣食住行、吃喝玩乐同计算机科学联系起来，将抽象的计算机科学知识同具体的生活事例相结合，具有很强的可读性和趣味性。通过由具体到抽象再到具体的过程，让读者对计算思维有一个直观的体验，从而在阅读后激发思考，逐步接受这种思维模式。

从知识体系的角度来看，全书涵盖了几乎所有计算机科学本科教育中所涉及的经典课程，从大一、大二必修的"程序设计""数据结构""算法"课程，逐步进阶到大三、大四选修的"数据科学""机器学习""智能系统""信息安全""计算机硬件"等课程。各章节也依照本科教育的顺序来编排，从底层设计讲到顶层应用。由于底层设计更偏向抽象的数学和逻辑，而顶层应用本身更贴近生活，因此阅读难度可能会随着章节的深入而逐步降低。这也是计算机系本科生通常感到前两年的学习非常痛苦，但真正到了后两年偏运用阶段反而更自如的原因。

在全书的写作上，我将每个知识点通过独立的故事呈现，因此，即便读者对某一个知识点或者故事理解不够透彻，也不会影响对其他知识点和故事的理解。所以，尽管本书参考了本科计算机教育的系统顺序，读者仍然可以挑选自己感兴趣的部分独立阅读。本书的创作初衷是鼓励读者阅读和思考，尤其是在这个忙碌的时代下，我期待读者即使花了碎片时间来阅读本书，也能够很好地理解计算思维。

考虑不同读者的基础和接受程度，我在一定程度上平衡了知识点的广度和深度。一些章节里的部分知识点可能对于有些读者来说具有一定的挑战性，如"最短路与负环：套餐定价和外汇兑换的约束"（第 9 章），"梯度下降：驾驶汽车和登山都用到了导数"（第 21 章），"非对称加密：公开的密钥能加密却不能解密"（第 33 章），但基于我的写作设计，读者即使跳过这些章节内偏技术的部分内容，对该章节的整体理解也不存在太大影响。

当然，我更鼓励读者能够系统地阅读本书，毫不夸张地说，如果读者能将本书的内容完全融会贯通，就可以打败 90% 的计算机系本科生了。因此，本书亦可以作为高等院校计算机相关专业的导论课程、非计算机专业的通识课程的教材。

## 从"普"的角度看本书——赵馨

熟悉我的朋友们应该知晓我是一个数学和逻辑都不太行的人（当初我选择法学院有一大半原因是不用学习数学），他们应该还知道我从小就有创作一本书的心愿。不过，他们大概没想到，我真地创作了一本书，还是和计算机科学、数学和逻辑相关的，我自己也没有想到！大概是 2022 年的春节时分，商老师和我彼时还是一对新手父母，每天焦头烂额地学习如何更好地照顾新生儿。在这个过程中，我们第一次接触到了很多写给小朋友甚至小婴儿的科普读物，遗憾的是，大多数这类书籍都是由外国作者结合外国事例撰写的。商老师和我不服气：咱们来写一本中国本土化的、大众化的计算机科普图书！

这是本书诞生的一个契机。

可是，光有雄心壮志还不行，真正开始着手写，发现这是一个艰难的过程，如何结合中国本土化事例来讲解计算机科学呢？因为商老师的工作就是和计算机科学打交道的，所以我们在生活中不可避免地会谈论计算机的很多话题，于是我们开始慢慢回忆生活中我们何时何地会讨论计算机相关的话题——在给小宝宝讲"老和尚给小和尚讲故事"的故事时，我们聊到过计算机科学里的递归；一起看《最强大脑》的时候，我们尝试过用启发式搜索和选手一起解题；用外卖 App 下单时，我们讨论过计算机科学中的最佳匹配和推荐系统；因为自然语言处理的复杂性，我们和朋友约着一起吃饭时闹过"粤菜"（一家餐厅的名字）和"粤菜"（菜系）的笑话。

我们意识到，计算机科学和生活是息息相关的。于是，我们从生活中的这些真实的经历出发，结合计算机科学的专业知识来构建这本书。本书中出现的每一个事例、每一个故事和每一段对话，都是我们生活中真实发生过的，只不过为了增加可读性，我们以商老师和赵律师为主体出发，增加了更多的角色。我们通过计算机科学家商老师的视角，把生活中的点滴和计算机科学联系起来，将抽象的计算机科学知识借由生活事例具象化。我们尽可能地将计算机科学中的很多概念通过日常生活里的寻常事例呈现给读者，期待以一种平易近人的方式为非专业但是对计算机科学感兴趣的读者来讲解这些概念和知识。

由此，我们厘清了本书的大致思路和结构，但接下来的另一个难题是如何撰写本书才能激发读者的兴趣并便于读者的理解。换句话说，就是如何平衡本书的科学性和通俗性，这对于我们来说是一个巨大的挑战。这本书里的很多概念和知识，对于商老师来说都是耳熟能详、手到擒来的，但是对于像我这样的门外汉而言，这些概念和知识是复杂且晦涩的。在创作本书的过程中，我总是期待以打比方、举例子的方式将这些概念和知识以大众容易接受的方式呈现；但是从科学性和严谨性的角度，商老师通常无法接受我打的比方或举的例子，因此商老师和我常常争论不休。我和商老师在一起创作本书之前，几乎从来不吵架，而在创作本书的过程中，我们两个吹胡子瞪眼、拍桌子争吵了不知道多少回。我记得有一次，商老师几乎崩溃地跟我说道："要不咱不写了，再写下去感觉婚姻都要破裂了。"（现在想想，觉得是很好笑的事。）

总地来说，这本书由商老师构建主体知识和逻辑，这是商老师的专业领域，也是商老师所长之在；由我来润色思路和语言。我们总说，我既是作者，也是非专业的大众读者，商老师的第一个任务是保证非计算机专业的我能够看懂，这样非计算机专业的读者才能理解。另外，为了便于读者的理解，我们还邀请了中国美术学院毕业的费赛尔为每章配插图。费赛尔有很多年的插画经验。这个过程一般是由商老师对知识点和插图进行讲解和指导，由费赛尔执笔设计和配色。在本书的创作过程中，商老师的第二个任务是保证费赛尔能够理解并以艺术的方式呈现这本书里的知识点。按照这样的节奏，我们期待本书对于非计算机专业的大众读者来说是容易阅读且容易理解的。

因为平时还要工作，照顾孩子和家庭，本书的写作很多时候都是由我和商老师在深夜进行的，我们也没有想到，这样一写便写了两年多的时间。在两年前，我们刚开始决定写这本书的时候，ChatGPT 还仅为学术界所知，而如今，ChatGPT 已经是一个人尽皆知的火热概念，我们也顺应着时代的变化，添加了一个专门讲解 ChatGPT 的章节。

诚然，计算机科学理论本身对数学和逻辑的要求高，但是计算科学并不是在庙堂之上的。我们耳熟能详的"老和尚给小和尚讲故事"的故事，我们手机里下单的外卖 App……其实都是普通人置身其中的计算机科学。数学和逻辑天分并不突出的我，都能够弄明白这本书里提到的计算机知识和概念，我想每一位读者也都可以理解本书的内容。

## 写在最后

我们非常希望这本书能让更多中国人，尤其是青少年，了解、喜爱计算机科学，让它从一个复杂、高大上的学科变成一种生活中随处可见的计算思维。此外，我们想衷心地感谢王中英编辑、宋亚东编辑在创作和出版过程中给予的鼓励和帮助，还要感谢一直站在身后支持我们的家人。

当然，计算机科学知识犹如一个广袤的宇宙，我们的认知仅仅是冰山一角，又囿于有限的精力和时间，书中错谬之处在所难免，恳请广大读者批评指正，我们将不胜感激。

商静波　赵　馨

2024 年 8 月

# 目　录

## 生活中的程序设计与数据结构

## 生活中的算法与理论

# 生活中的数据科学

# 生活中的机器学习

## 生活中的智能系统

## 生活中的信息安全

## 生活中的硬件系统

第 **1** 篇

生活中的
程序设计与
数据结构

# 第1章 递归：
# 老和尚给小和尚讲故事

一天回家，赵律师拉着商老师问东问西，问了半天大数据和 AI 的问题。商老师有点儿好奇，因为他知道赵律师是出了名的不喜欢数学和逻辑。赵律师说周围的朋友们都在学习代码，表示自己也要学习，建议商老师开一个家庭课堂。

商老师觉得教了这么多年的学生，开一个家庭课堂还不是手到擒来？于是当晚打算从最基础的递归开始讲起。商老师从函数、定义、调用开始解释，但是说了好几个来回，赵律师还是未能理解。商老师越说越快，逐渐失去耐心了。

## ▶1.1 "老和尚给小和尚讲故事"中的递归

看着对面赵律师越来越阴沉的脸色，商老师心里暗暗叫苦："这可怎么是好？万一教不好，就要影响家庭和谐了。"这时赵律师说："其实你讲了这么多，听起来很像小时候听过的一个故事（如图 1-1 所示）。"

从前有座山，山上有座庙，

庙里有一个老和尚和一个小和尚，

老和尚给小和尚讲故事，故事讲的是：

从前有座山，山上有座庙，

庙里有一个老和尚和一个小和尚，

老和尚给小和尚讲故事，故事讲的是：

……

图 1-1 老和尚给小和尚讲故事

商老师一拍大腿，可不是嘛！这个人人从小就耳熟能详的故事其实蕴含了计算机科学里重要的**递归**（**Recursion**）**思想**。

要讲清楚这个故事的递归概念，需要先简单地了解几个相关概念。为了便于理解，这里用自然语言和程序语言结合的伪代码来描述。**伪代码**是机器不能执行的语言，但是便于人们理解算法的运算过程。

首先，我们需要理解计算机代码里的**函数**。我们可以从数学中的函数开始理解。函数代表的是输入和输出的关系。在数学课本上，常见的函数经常表示为 $f(x)$，代表着输入参数 $x$ 后得到 $f(x)$ 的值，$f(x)$ 是一个人为定义的计算过程。计算机代码里的函数则用编程语言来描述这个计算过程。我们以函数在计算过程中是否使用该函数本身为分类标准，可以将函数分为递归函数和非递归函数。

### 1. 非递归函数

函数可以用任何方式命名，比如用 print 命名一个非递归的函数。来看一个最简单的非递归函数代码，如果用 message 作为这个函数的参数的变量名，那么这个最简单的函数以伪代码的方式呈现便是

```
Function print(message):
        将 message 变量中包含的内容输出到屏幕上
```

我们可以在程序中调用 print 函数，比如想输出 Hello World!，则 print 函数中的参数的变量名就应该被设置为"Hello World!"，代码中函数的调用便是 print("Hello World!")，这个函数的输出便是

```
Hello World!
```

在非递归函数的情况下，print 这个特定函数执行完所有的计算过程后便会 Return，也就是函数会结束。

### 2. 递归函数

再来看看使用递归函数的情况，例如我们用一个名为 story 的函数来定义老和尚和小和尚的故事。因为故事本身是完全一致的，所以这个故事里没有变化的参数，函数 story 不需要任何输入便会产生同样的输出。递归函数会重复调用自己，那么这个递归函数的伪代码表示如下：

```
Function story():
        print(从前有座山，山上有座庙，庙里有一个老和尚和一个
小和尚，老和尚给小和尚讲故事，故事讲的是：)
        story()
```

story 函数首先会输出以下段落，然后调用自己，一直循环调用。因为这个函数本身并不会结束，所以相同的故事会一遍又一遍地重复：

从前有座山，山上有座庙，

庙里有一个老和尚和一个小和尚，

老和尚给小和尚讲故事，故事讲的是：

老和尚给小和尚的故事本身就是一个无限递归的函数，永远没有尽头。老和尚不停地给小和尚讲着相同的故事。

其实如果我们对老和尚和小和尚进行编号，那么这层层的故事看似一致，实质上各有不同，那么故事就会变为下面这样（如图 1-2 所示）：

从前有座山，山上有座庙，

庙里有 1 号老和尚和 1 号小和尚，

1 号老和尚给 1 号小和尚讲故事，故事讲的是：

从前有座山，山上有座庙，

庙里有 2 号老和尚和 2 号小和尚，

2 号老和尚给 2 号小和尚讲故事，故事讲的是：

......

图 1-2　带编号版本的老和尚给小和尚讲故事

老和尚和小和尚的编号就是一个变量，变量值的变化会带来不一样的输出。

在伪代码中，如果我们用 number 作为一个变量名来表示编号，那么每一层的故事抽象成伪代码便是下面这样：

> 从前有座山，山上有座庙，庙里有 {number} 号老和尚和 {number} 号小和尚，第 {number} 号老和尚给第 {number} 号小和尚讲故事，故事讲的是：

整个故事的递归从伪代码的角度来看便是下面这样：

```
Function story(number):
        print(从前有座山,山上有座庙,庙里有 {number} 号老和尚和 {number}
号小和尚，第 {number} 号老和尚给第 {number} 号小和尚讲故事，故事讲的是：)
        story(number + 1)  ←  会再进入 story(number) 函数里，但是有
了不同的 number 的值
```

在老和尚和小和尚的故事里，层层的故事其实是无限递归、没有尽头的。这个故事是单一且重复的，这是一个线性的递归，不存在递归的终止和回溯。这里的**回溯**（**Backtracking**）指的是回到之前某一层的操作。

## ▶ 1.2　《盗梦空间》中的递归

其实早些年大火的电影《盗梦空间》，也是在一个递归的概念下讲故事。每一层递归的开始都是一个梦境的开始，然后在这个梦境里进入下一个梦境（也就是下一个递归）。但是在《盗梦空间》的故事里，层层的梦其实存在结束和交织，这是如何实现的呢？从递归的角度看，这便是**递归的终止和回溯**，也就是退出当前的梦，回到上一个梦。

类似地，我们定义一个函数 dream，用 depth 作为一个变量名，表示梦境的层数，用 max_depth 表示所允许的梦境的最多层，则在递归到 max_depth 层的梦境前，函数层层调用，递归层层推进；在递归到 max_depth 时，达到终止的边界条件，当前递归函数的调用终止。伪代码为

```
Function dream(depth, max_depth):

        If depth == max_depth:

                Return      ← 结束当前函数并返回上次调用 dream 函数的
```
地方，然后面执行下一条
```
        dream (depth+1, max_depth)
```
（所有函数的最后都自带一个 Return，无须特殊声明，类似

于梦的自然终止）


假设我们设定 max_depth 为 2，即允许的最大梦境层数为 2，《盗梦空间》
的故事就可以理解为调用 dream(0, 2) 的过程（如图 1-3 所示）：

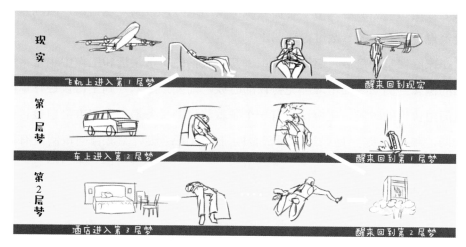

图 1-3　《盗梦空间》的递归示意图

- 现实（即第0层梦）开始，主角们在第0层梦里进行一系列的行为，然后
  进入第1层梦，即调用dream(1, 2)。
- 第1层梦开始，主角们在第1层梦内进行一系列的行为，然后进入第2层
  梦，即调用dream(2, 2)。
- 第2层梦触及递归的终止条件，即depth == max_depth成立，第2层梦结束。
- 回到第1层梦开启的时间和地点，继续第1层梦里的行为，直至第1层梦自
  然终止。
- 回到第0层梦开启的时间和地点，继续第0层梦里的行为，直至第0层梦自

然终止（当然，现实的自然终止需要等到该角色自然死亡）。

只要没有触及 max_depth，在当前 depth 梦境中就会再次调用 dream 函数，开启 depth+1 的梦，如此反复，直到触及 max_depth。当触及 max_depth 或者运行到函数的最后时，当前 depth 的梦便会终止，回到 depth 梦在 depth–1 梦境里开启的那一刻，并继续 depth–1 层梦里的行为。

## ▶ 1.3  生活中的递归

赵律师说："听起来像是一个迷宫的游戏，在迷宫里可能要从一个点出发尝试找到出路，如果失败，就需要回到初始地点重新进行下一轮尝试。"

商老师说："没错，这一类属于需要试错的问题，比如数独、迷宫，解决这些问题的过程其实就是递归和回溯的过程。从一个试错的参数出发，调用同样的函数进行递归，然后进入下一个需要做决策的地方，直到发现错误，回溯到上一个决策点，带入新的参数进行递归。"

在家庭课堂的最后，赵律师说："其实我们的日常生活和工作中也常常用到递归的概念。例如我在审理补充协议的时候，需要'递归'到主协议进行审阅；在审阅主协议的时候，主协议里有一个条款将保密义务追溯到双方之前签订的保密合同，那么需要'递归'到保密合同进行审阅；然后保密合同审阅没有问题的时候，便会'回溯'到主协议继续审阅；主协议审理完成后，再'回溯'补充协议本身进行审阅（如图 1-4 所示）。"

图 1-4　律师审阅合同的过程也通常涉及递归

商老师高兴地说到："没错，这个理解很到位！"

赵律师表示很满意，商老师心里暗暗庆幸，真是得感谢"老和尚给小和尚讲故事"这个故事，不仅具象化了递归这个知识点，更重要的是保障了家庭的和谐。

# 第 2 章　二进制：靠掰手指居然能数几万个数

"一只青蛙一张嘴，两只眼睛四条腿；两只青蛙两张嘴，四只眼睛八条腿……"一天，商老师回家时，隔壁家的小宝宝正在外面玩耍，一边掰着手指头，一边唱着童谣学数数。

小宝宝的哥哥嘟嘟饶有兴趣地看着小宝宝数数。商老师摸摸嘟嘟的头，问道："嘟嘟，你能用双手数到几呀？"

嘟嘟不假思索地说："可以用双手数到 10 呀。"

商老师笑笑："没错，我们可以用双手轻易地从 1 数到 10。但是你知道吗，如果利用计算机里的二进制原理，其实我们的双手可以数成千上万个数！"

嘟嘟一脸惊奇："叔叔，那你快给我说说！"

## ▶ 2.1　用双手表示 0 ~ 99 的任意数字

为了便于理解，我们先从算盘开始讨论。算盘是源自中国古代的计算工具，是中国的一项伟大的发明。常用的长方形算盘分为上下两个部分，上半部分每个算珠代表 5，下半部分每个算珠代表 1，算珠从右到左分别表示十进制下的个位、十位、百位、千位和万位。算盘就像是一个显示器，拨动过的算珠展示了每一个数位上的数值。

类比来看，如果人们把拇指当作算盘上半部分的一个算珠，代表 5，其余每个手指当作算盘下半部分的一个算珠，代表 1，人们的一只手就可以模拟算盘中的一个数位，如图 2-1 所示。

- 五个手指收拢代表0。
- 食指伸出来代表1。
- 食指、中指伸出来代表2。
- 食指、中指、无名指伸出来代表3。
- 食指、中指、无名指、小指伸出来代表4。
- 拇指伸出、其余四指收拢代表5。
- 拇指、食指伸出来代表6。
- 拇指、食指、中指伸出来代表7。
- 拇指、食指、中指、无名指伸出来代表8。
- 拇指、食指、中指、无名指、小指伸出来代表9。

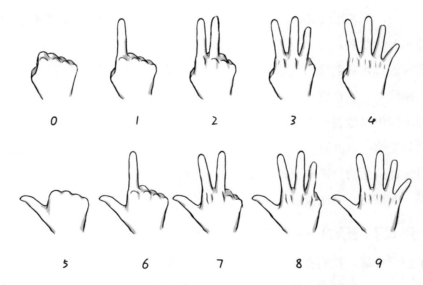

图 2-1　用手指来模拟（十进制）算盘的一个数位

这样用一只手就可以从 0 数到 9，如果我们把另一只手加进来，用左手和右手分别代表十位和个位（习惯上高位在左、低位在右），则可以用双手表示 0 ～ 99 的数字，如图 2-2 所示。

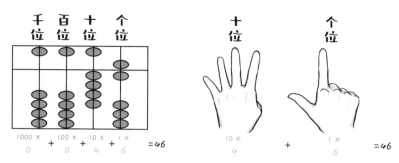

图 2-2　算盘和两只"十进制"的手

## ▶ 2.2　用双手表示 0 ～ 1023 的任意数字

其实，双手可以数更多的数。在算盘的场景中，因为下半部分四个算珠的位置相对固定，我们必须先拨动上方的算珠才能拨动下方的算珠；但是在使用双手的情况下，人们的五个手指可以灵活活动。在上面的例子里，我们既可以用食指加中指来表示 2，也可以用食指加无名指来表示 2，还可以用食指加小拇指来表示 2——这说明在这个数字显示系统中存在冗余。如果我们能去掉这种冗余，双手就可以表示更多的数字。

这里我们需要引入二进制（Binary）的概念。二进制是计算机技术中广泛采用的数制。十进制下的数据是用 0 到 9 来表示，并"逢十进一"；二进制下的数据是用 0 和 1 来表示，并"逢二进一"。十进制下的数位从低到高按照个位、十位、百位递进；二进制下的数位从低到高按照第 1 位比特、第 2 位比特、第 3 位比特递进。十进制下的每一数位是前一数位乘以 10；二进制下的每一数位是前一数位乘以 2。所以，第 1 位比特就代表 1，第 2 位比特就代表 2，第 3 位比特就代表 4，以此类推。当然，除了二进制和十进制以外，还有很多其他的进制，比如三进制（"逢三进一"）、十六进制（"逢十六进一"）、万进制（"逢一万进一"）等。它们在一些特定的场合下可以发挥独特的作用。这里不做具体展开。

现代计算机之父冯·诺依曼在 1945 年与戈德斯坦、勃克斯等联名发表了一篇长达 101 页纸的报告，提出了著名的"冯·诺依曼结构"——明确规定用二进制替代十进制运算，并将计算机分成 5 大组件——控制器、运算器、存储器、输入设备和输出设备。这些思想为电子计算机的逻辑结构设计奠定了基础，现在已经成为计算机设计的基本原则。

为什么计算机采用二进制呢？简单来说，主要是因为计算机是通过二极管、三极管和电容等电气元件来实现一系列复杂计算的逻辑电路。在逻辑电路中，单个电气元件只能存储两种状态：从电学上讲，可以理解为"有电"和"没电"；从逻辑上讲，可以定义为真和假；从数字上讲，可以定义为 1 和 0。计算机最重要的功能就是运算。基于二进制的运算，对于计算机的底层实现来说是比较简单的，逻辑电路可以完美地支撑二进制下的运算。

如果计算机采用其他进制（比如十进制）会怎么样呢？那么人们需要从物理上（比如通过电流、电压的大小）建立一个映射来表示 0 ～ 9 这九个数码。这样的映射关系设计起来是比较困难的，且具有很强的不稳定性。比如通过简单的电流阈值来建立映射的话，人们可以规定电流在 A ～ B 之间表示 1，电流在 C ～ D 之间表示 2，等等。但是，当电流由于某些原因不稳定时，在阈值附近浮动的电流大小对应的数码会不稳定，便会不可避免地在数据识别和传输的过程中出现错误。相比之下，当人们采用二进制时，信息的存储、判断和传输都更为稳定。二进制下只有 0 和 1 两位数码，在物理状态下是非常容易表示的——在计算机电路识别和传递这些数据时，通过电流、电压的有无，可以直观地表示 0 和 1 两个数码。这样在物理上更易于实现，同时可以满足人们的计算需求。

同样地，人们的手指可以轻易地呈现"手指竖直伸出"和"手指弯曲收拢"的两种状态。这两种物理状态可以非常容易地表示二进制下的 0 和 1。手指竖直伸出为二进制中的 0，手指弯曲为二进制中的 1。如果我们对 10 个手指进行编码来表示二进制下的不同数位，则十个手指从右到左可以表示 10 位比特，分别为 1、2、4、8、16、32、64、128、256 和 512。利用十个手指所能表示的 10 位比特，我们就可以用手表示 0 ～ 1023 中的任意数字，如图 2-3 所示。

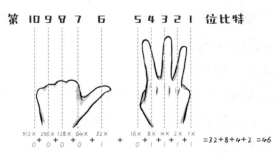

图 2-3　二进制手的表示

## ▶2.3　用双手表示更大的数字

我们进一步发散思维，双手除了 10 个手指，还有两个手掌。对于同一个手掌，人们定义手掌掌背向上为二进制下的 0，手掌掌背向下为二进制下的 1。这样一来，每一个手掌都可以给人们提供一个新的比特 —— 如图 2-4 所示，左手和右手的手掌可以分别表示第 11 位比特和第 12 位比特，分别代表 1024 和 2048。利用十根手指和两个手掌掌背的上下朝向所能表示的 12 位比特，人们可以用手表示 0 ～ 4095 中的任意数字。

图 2-4　用手掌掌心的方向定义 2 个新的比特

当然，每个手掌除了掌背的上下外，还可以有指尖的左右朝向。具体来说，如图 2-5 所示，对于同一个手掌，人们可以定义手的指尖向左表示二进制下的 0，手的指尖向右表示二进制下的 1。这样一来，人们又可以增加 2 位比特，即第 13 位比特和第 14 位比特，分别代表 4096 和 8192。利用十根手指加两个手掌掌背的上下和指尖的左右朝向所能表示的 14 个比特，人们可以用手表示 0 ～ 16 383 这些数字。

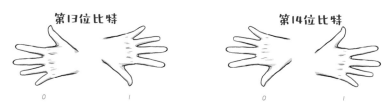

图 2-5　用手指尖的方向定义 2 个新的比特

同理，人们还可以利用左右手臂的相对位置增加新的比特。比如，如图 2-6 所示，人们可以定义左手臂在左、右手臂在右表示二进制下的 0，左手臂在右、右手臂在左表示二进制下的 1。这么做的话，人们就可以再多一位比特可以用来表示数字！也就是说，人们可以用手表示 0 ～ 32 767 这些数字！这其实就赶上了早期的 16 位计算机里的默认有符号整数类型所能存储的最大整数了。

**第15位比特**

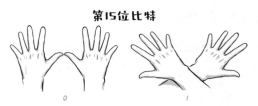

图 2-6　用手臂的交叉关系定义 1 个新的比特

但随着比特位数的增加，人们会发现从手指收拢伸直、手掌掌背朝向、手指指尖朝向、手臂交叉与否的各种状态中识别这些数字的过程变得越来越复杂，肉眼识别的错误概率逐步增加。

为什么计算机可以识别成千上万位的比特却不会出现错误呢？因为在用双手表示比特的过程中，尤其是有大量的比特数位时，人们需要用肉眼来识别手掌的上下左右朝向，从而推算其所代表的比特值，在朝向存在细微差别的情况下，识别比特值的过程不可避免地会存在偏差。而在计算机的世界中，比特值的识别是靠逻辑电路来实现的，这一过程是直观、统一且稳定的。

嘟嘟认真听完商老师的讲解，不由赞叹："二进制好神奇呀！我从来没有想过利用二进制，我们的双手可以数几万个数！等小宝宝学会了用双手数到 10 之后，我要去教他二进制，这样他就可以用双手去数更多的数了！"

# 第3章 循环与上下文切换: 怎么更有效地做重复劳动

商老师下班回家发现自己的妈妈老高正在给宝宝组装新到货的五本玩具书。老高抱怨道:"我这一小时才装好一本,今天睡觉前肯定组装不完所有的玩具书了,愁死我了!"

商老师凑近一看,嘿,还真挺复杂的——老高为宝宝购买了早教魔术贴忙碌书,如图 3-1 所示,每本玩具书都有五花八门的贴纸,比如各种小动物、食物、交通工具和生活用品等。这些贴纸都有丰富的色彩和造型,并需要通过魔术贴粘在精心设计的图册上,图册上还配有各种各样的讲解和配图,从而形成了一本生动有趣的玩具书。

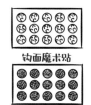
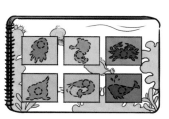

贴纸　　　　　毛面魔术贴　　　　　图册

图 3-1 玩具书各部件示意图:贴纸、魔术贴、图册

## ▶ 3.1 按说明书组装玩具书，重复劳动多

在商家寄过来的玩具书包裹里，贴纸、图册和魔术贴等都是独立的，贴纸和魔术贴镶嵌在纸板上，所以家长需要按照说明书组装好玩具书。如图 3-2 所示，按照说明书的指示，家长首先需要从纸板上将贴纸一一取下来，然后把魔术贴从纸板上取下来，其次将毛面魔术贴贴到贴纸的背面，再把钩面魔术贴贴到图册的对应位置上，最后将贴纸贴到图册上。

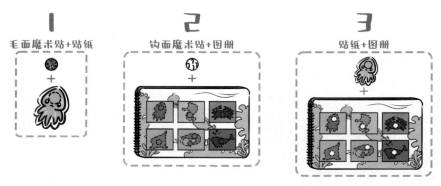

图 3-2　玩具书的组装说明书

老高继续抱怨道："没有想到这个组装这么麻烦呢！"商老师观察了一小会，说道："你完成这一套动作大致需要 1 分钟，这一本玩具书里包括 50 多个贴纸呢，这么组装的话，一本书差不多得花费 1 个小时。要么你去休息一会儿，我来试一下。"

老高伸了个懒腰说："那我去洗个澡吧，一会回来帮你哦。"不到半个小时，老高回来一看，睁大了眼睛惊呼道："为什么你这么快就组装好了一本？！"

"因为我有计算机专业的知识呀！"商老师进一步解释道："你按照说明书的指示进行组装当然是没有问题的，但是你有没有发现，50 多个贴纸的组装其实是一种重复劳动，我们是可以考虑利用计算机专业里的循环来提高这种重复劳动的效率的。"

在计算机科学中，**循环**是计算机程序按照指示连续、重复地执行一系列的操作。从程序的角度而言，循环是通过编程语言的指令完成的。循环一般会由**循环体**和**循环条件**构成——循环体指需要连续和重复进行的操作，循环条件指在何种条件下进行循环体的操作。有的编程语言会设定在特定条件成立时继续循环，这

类循环条件在编程语言中通常是通过 while 实现的；而有的编程语言会设定在特定条件不成立时继续循环，循环到特定条件成立为止，这类循环条件通常在编程语言中是通过 repeat/until 实现的。计算机程序中还有一种常见的循环就是 For 循环（For Loop）。在 For 循环中，计算机程序被编程语言直接指定循环执行的次数，也就是循环条件是满足指定的循环执行次数。比如，老高需要完成 50 张贴纸的组装，从计算机程序的角度而言，就是组装的这个操作在 For 循环下需要被执行 50 次——整个组装过程用编程语言进行处理，可以看作"For 每一个贴纸 do"。

老高之前按照说明书进行的操作流程可以看成一种 For 循环：

```
For 每一个贴纸 do
        从纸板上取下贴纸
        取下毛面魔术贴贴到贴纸背面
        取下钩面魔术贴贴到图册的对应位置
        将贴纸贴到图册的对应位置
```

这个循环会被反复执行，直到所有的贴纸都被贴到图册上。这个操作流程相对来说是最直观、最容易想到的，但是它却不是最优的，因为这个流程没有考虑操作者在执行循环内一系列操作时所需要的**上下文切换**（Context Switch）时间。

上下文切换是一个计算机科学中的重要概念，主要发生在中央处理器（Central Processing Unit，CPU）中。

在计算机中，大量的运算都是通过中央处理器完成的。当人们打开一个应用程序时，该应用程序就会创造出一个（或多个）**进程**（Process）。每一个进程都对应一系列需要 CPU 执行的操作。评价 CPU 好坏通常看两个指标：CPU 核心数量和每个核心的主频。CPU 核心数量决定了 CPU 同时可以执行的进程个数，而主频决定了每个核心运算的速度。也就是说，如果一台计算机的 CPU 只有一个核心，但同时开了两个进程，则通常只有一个进程被执行，而另一个进程会在一旁等待。

上下文切换主要是指当计算机的 CPU 需要执行不同的进程时，要先将当前进程的状态保存起来，再将新进程需要的数据加载进来，最后才能执行新的进程。如图 3-3 所示，当 CPU 需要从进程 1 切换到进程 2 时，CPU 需要先停止进程 1 的执行，将进程 1 的相关状态保存，然后加载进程 2 的相关状态，再执行进程 2。这中间一来一回保存状态和加载数据的过程，就是上下文切换的过程。在这个过程中，CPU 没有执行任何进程，因此这个过程通常被算作一个**额外开销**（**Overhead**）。

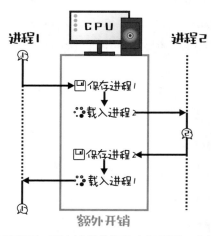

图 3-3　上下文切换的示意图。两个进程的切换中间需要一个额外的上下文切换开销

只有一个操作者的情况就相当于计算机只有一个单核 CPU，即一次只能执行一个进程，这时，为了尽快执行完所有的进程，就需要减少上下文切换所带来的额外开销。

回到玩具书组装的循环，这个组装中有四个步骤，从计算机科学的角度来看，我们可以理解为这个循环中有四个进程，因为组装操作的四个步骤需要用到的材料是完全不同的，即这个循环中的四个进程需要的数据、状态等完全不同。因此，如图 3-4 所示，这个循环中包含了四个不同的进程：①从纸板上取下贴纸；②取下毛面魔术贴贴到贴纸背面；③取下钩面魔术贴贴到图册的对应位置；④将贴纸贴到书本对应位置。

操作者需要在这四个进程中反复切换，如图 3-4 所示：①操作者需（放下手上的贴纸）拿起纸板才能执行第一个步骤；②操作者需放下纸板，拿起一整版魔术贴并取下毛面魔术贴，才能执行第二个步骤；③操作者需放下一整版毛面魔术贴，拿起一整版钩面魔术贴并取下一个，才能执行第三个步骤；④操作者需要放下一整版钩面魔术贴，拿起贴纸才能执行第四个步骤。操作者在这个循环中的"拿起"和"放下"，就是一个上下文切换的过程。当操作者不停地进行上下文切换时，额外开销就会增多，从而降低整体操作的效率。

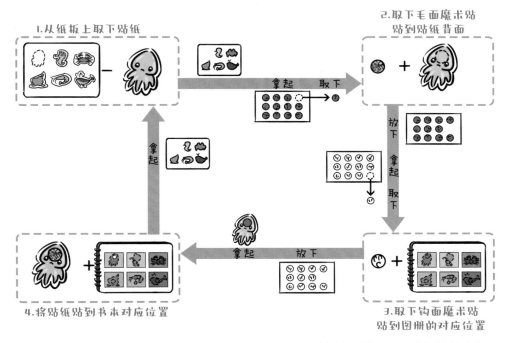

图 3-4　老高照本宣科的循环中 4 个步骤的示意图，4 个箭头部分就是上下文切换的动作

## ▶3.2　优化一：同类操作集中做，减少上下文切换

老高听了点点头，说道："嗯，有道理。那为了减少这种上下文切换，我可以先把所有的贴纸都取下来，其次把所有的毛面魔术贴和钩面魔术贴取下来，然后把毛面魔术贴贴到贴纸上，再把钩面魔术贴贴到图册上，这样好像效率会更高一些？"

商老师回应道："确实如此，此时这个循环的进程可以理解为：①从纸板上统一取下贴纸；②从魔术贴版上统一取下毛面魔术贴贴到贴纸背面；③从魔术贴版上统一取下钩面魔术贴贴到图册对应位置；④将贴纸贴到图册的相应位置。"这个流程可以看作如图 3-5 所示的循环。

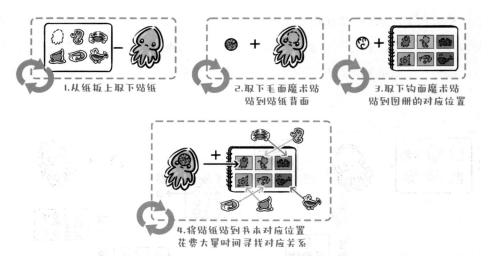

图 3-5　新设计的循环中前 3 步的上下文切换的时间大大减少，但第 4 步依然有巨大的额外
开销

```
For 每一个贴纸 do

        从纸板上一一取下贴纸

For 每一个取下的贴纸 do

        将毛面魔术贴贴到贴纸背面

For 每一个图册对应位置 do

        将钩面魔术贴贴到图册相应位置

For 每一个贴好毛面魔术贴的贴纸 do

        贴到图册上的相应位置
```

老高一听，立马备受鼓舞地开始组装。商老师笑而不语，站在一旁看老高操作。只见老高把所有的贴纸从纸板上取下来，接着将毛面魔术贴取下来贴到贴纸的背面，然后把钩面魔术贴取下来贴到贴纸的背面，老高一边操作一边感叹道："这个方法比之前的方法好多了，你看看，我这组装的速度立马快起来了呀！"话刚说完，老高需要进行第四步的操作了——为了方便贴纸和图册的匹配，原先纸板上会标记每个贴纸在图册上对应的页数，但是老高将所有的贴纸取下之后，50 多个贴纸混在一起，老高需要去肉眼阅读图册上的配图及说明，然后才能找到贴纸对应的图册页数。老高一页一页地阅读着图册，然后在 50 多个贴纸中寻找目标贴

纸，老高边寻找边嘀咕着："这样好像也没有比之前的方案快很多呢。"

商老师忍不住笑了，说道："你设计的新方案确实避免了不必要的上下文切换。但是你自己也发现了，在这个新方案下，第四个步骤又引入一个额外的开销——对于每一个贴纸，你需要靠肉眼去找图册上的对应位置，而本来纸板上标记了每个贴纸对应的图册位置。"

## ▶3.3　优化二：调整组装顺序，减少额外开销

说明书的指示是将玩具书组装的四个步骤每次按照顺序依次进行重复和循环，而在老高设计的新方案下，玩具书组装的四个步骤被独立开来分别进行重复和循环的。既然四个步骤被独立开来，这个四个步骤之间的顺序也可以被相应的调整来提高效率。商老师跟老高讨论道："例如我们可以重新设计一下取下贴纸和魔术贴的顺序。先将毛面魔术贴取下直接贴到贴纸上，而无须先将贴纸从纸板上取下来，然后将钩面魔术贴贴到图册的相应位置上，最后将带有毛面魔术贴的贴纸从纸板上取下来。这样的话，你依然可以利用纸板上的页码标记。"

这样的话，整个操作流程可以看作如图 3-6 所示的循环。

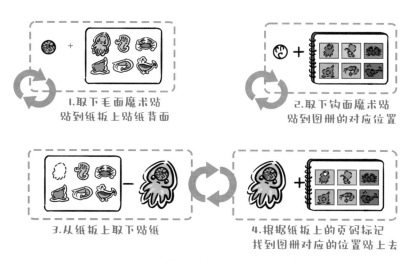

图 3-6　商老师的调整方案几乎没有额外开销

For 每一个还在纸板上的贴纸 do

　　取下毛面魔术贴贴到贴纸背面

```
For 每一个图册的对应位置 do
        取下钩面魔术贴贴到相应位置上
For 每一个还在纸板上的贴好毛面魔术贴的图贴纸 do
        从纸板上取下贴纸
        根据纸板上的页码标记找到图册对应的位置贴上去
```

和老高的设计方案相比，商老师的调整方案主要改进了两点：一是减少了原先需要将贴纸从纸板上取下来的步骤，操作者在贴魔术贴的时候没有必要将贴纸从纸板上取下来；二是继续利用了纸板上标记的页码来定位图册上的具体位置。这样一来，安装的整体效率就会大大提高。

## ▶ 3.4 优化三：两人合作变身"双核 CPU"

老高点头称是，马上就准备开始实践，让商老师组装一本书，自己组装一本书，比比谁装得快。商老师连忙拉住她："别着急呀，我们现在不是有两个人了嘛，咱们还可以通过合作让整个过程更快一些。"

在这里，安装过程中的两名操作者可以看作计算机中的双核 CPU。从计算机科学的视角而言，CPU 核是相对独立的，但却可以同时执行不同的进程。商老师调整方案后，从计算机科学的视角来看，有三个进程。商老师和老高作为双核 CPU，可以每个人专门负责一个进程——让商老师先把所有的毛面魔术贴都贴到贴纸上，同时，老高可以一个人把所有的钩面魔术贴都贴到图册的相应位置上，最后两人分头把带有毛面魔术贴的贴纸取下，贴到图册的对应位置上。这样一来，第一个进程和第二个进程间的上下文切带来的开销会被进一步减少，而整体的效率会被进一步提升。

老高若有所思："这看起来很像一个流水线作业嘛！"

确实如此，大家熟知的流水线作业模式其实就是为了最大化地减少上下文切换所带来的开销。流水线又叫装配线，其核心思想就是"让某一个生产单位只专注处理某一个片段的工作"，而非传统小作坊中的让每一个生产单位从上游到下游完成一个产品。通过合理的片段切割，流水线作业模式能够让每一个操作者都专注处理某一个片段的工作，最大化减少上下文切换时间。例如一条生产汽车的流水线，就会有不同的专人负责（操作机器）来完成不同的步骤，比如拧螺丝、安装底盘、安装玻璃、喷漆等，这样一来，生产效率就会大大提高。

# 第4章　二分法与二叉树：图书馆保安应该怎么找到没借过的书

商老师这天去图书馆借一本专业书，出门的时候正好听见前面两名同学在讨论计算机算法中的**二分法（Binary Search）**。当其中一名同学走出图书馆时，两侧机器的警报响了。保安大叔将这名同学拦了下来，让他拿出背包里的一叠图书，正准备一本一本地放入机器进行检查。

这时，另一名同学跟保安聊道："大叔，我们刚学习了计算机算法里的二分法。我们不用这样一本书一本书地检查，可以通过二分法来减少检查次数（如图4-1所示）。"

图 4-1　图书馆门口的偶遇

二分法，顾名思义，就是将事物一分为二。二分法的一分为二是有一定条件限制的：该分割必须是互斥的，即一分为二的两组互不相交。这种算法的核心思想是通过一分为二的巧妙设计来提高计算效率。

## ▶ 4.1 用二分法在有序数组中定位数字

在计算机科学中，二分法最经典的运用是在有序数组中查找某一个指定数字的位置。其核心思想是每次将查找范围（一开始就是整个数组）内正中间的数拿出来，和需要查找的指定数字比较：如果相等，则找到了对应位置；如果正中间的数较大，则查找范围缩小为数值较小的那一半；如果中间的数较小，则查找范围缩小为数值较大的那一半。每一次比较，都会让查找范围减半，这便是二分法思想的核心。

有一个简单的小游戏生动形象地反映了二分法——选定一个不超过100的正整数，让猜测者猜具体数值，猜测者每次猜测后会被提示猜测的数值是偏大还是偏小，如何能够快速地定位到这个正整数？最坏情况下效率最高的定位方法便是将数字100分为2组，从中间的正整数50猜起。如果50这个数值偏小，则定位的范围会被缩小在［51 ~ 100］的区间，下一次的猜测便从这一区间的中间数75开始；如果50这个数值偏大，则定位的范围会被缩小在［1 ~ 49］的区间，下一次的猜测便从这一区间的中间数25开始。如图4-2所示，这种定位方法可以使每一次的查找去除一半的干扰数据，能够极大地提高查找的效率。这便是二分查找法的精髓。

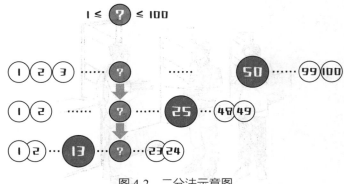

图4-2 二分法示意图

## ▶ 4.2　用二分法找没有借过的书，闹出了大乌龙

在图书馆的门口，商老师见这位同学正进一步向保安大叔解释如何运用二分法："具体来说，我们可以每次拿出一半的图书来进行检查，如果机器启动报警，那么没借过的书一定就在这一半图书里；如果机器没有启动报警，没借过的书一定就在另一半图书里。这样，我们每次需要检查的图书就会减半，从而大大减少检查需要的次数和时间。"

按照这位同学提供的思路，保安大叔每次需将待检测图书分为互斥且数量基本相同的两组，并选择其中的一组进行检查，如此类推逐渐将待检测图书的范围缩小。

这里举一个具体的例子进行解释：假设共有 4 本待检查图书，这里分别用 A、B、C、D 表示，其中 B 是唯一一本没有借过的图书。

（1）按照该同学提供的思路，保安大叔可以将这 4 本书分为互斥的数量相等的两组，例如 A 和 B 分为一组，C 和 D 分为另一组。

（2）保安大叔让 A 和 B 一起进行检查——由于 B 在此组中，所以会触发警报。保安大叔可将待检测图书范围缩小到 A 和 B。

（3）保安大叔继续将这两本图书分为互斥的数量相等的两组，即 A 为一组、B 为另一组，并对它们各自进行检查。当保安大叔对 A 组进行检查时，由于 B 不在该组中，检查并不会触发警报，则保安大叔可以由此确定，B 是那本没有办理过出借手续的图书。

在二分法下，保安大叔仅需对图书进行 2 次机器检查，而无须对 4 本图书中的每本都进行检查。

沿着这个思路，如果起始有 $N$ 本待检测图书，保安大叔可将这些图书分割为互斥的两组，每组各有 $\dfrac{N}{2}$ 本图书。保安大叔可以随机选择一组进行机器检查，如果触发了机器警报，则未办理出借手续的图书就在该组中；否则，就存在于另外一组中，如此可将待检测图书的数量减少到 $\dfrac{N}{2}$。保安大叔继续重复这个分组和搜索过程，就可以将待检测的图书数量减少到 $\dfrac{N}{4}$、$\dfrac{N}{8}$、……直到

最后定位到未办理出借手续的图书。在待检测图书的数量较多时，这位同学提供的思路确实省时省力——原来需要 $N$ 次检查，在二分法的加持下，检测次数将会呈对数型减少，即保安大叔只需要进行 $\log_2 N$ 次的检查，当 $N=100$ 时，$\log_2 N$ 大约等于 7，待检测图书的数量越多，该同学提议的二分法的优势就会越明显。

保安大叔听了这位同学的话，正在犹豫要不要相信这位同学。商老师笑了笑，上前跟保安大叔聊道："您好，我是计算机系的老师，咱们一起来做个实验吧，来看看这位同学的提议是否可行。"

商老师走进图书馆里拿了 4 本书，让保安大叔按照这位同学提出的方法进行检测。

（1）保安大叔第一次将 4 本图书 {A、B、C、D} 一起过机器进行检测，机器的警报被触发了，滴滴滴！这位同学很开心地说道："嘿，这 4 本里有没借过的图书呢，咱们开始用二分法吧！"

（2）保安大叔将这 4 本图书分为 {A、B} 和 {C、D} 两组，并将 {A、B} 组一起过机器进行检查，机器的警报又被触发了，滴滴滴！

（3）保安大叔进一步将待检测图书的范围缩小并锁定在了 {A、B} 中，将它们分为 {A} 和 {B} 两组。保安大叔将 {A} 组放进机器里进行检测，警报再次被触发，滴滴滴！这位同学很开心地说道："嘿，你看，我们找到了吧！A 就是那本没有办理过出借手续的图书！"

商老师说道，"别高兴得太早了"，并把 B、C、D 三本图书一起放入机器里进行检测，令人大跌眼镜的是，警报竟然又被触发了。

保安大叔想想，还是一本一本地检查比较稳妥——于是把 A、B、C、D 4 本图书逐一放入机器进行检查，结果发现商老师拿来的 4 本图书都没有办理过出借手续。

为什么会出现这样的乌龙呢？这是因为这位同学在设计二分法的时候进行了一个错误的假设：假设 $N$ 本待检测图书里有且仅有一本没有办理过出借手续。但实际上，$N$ 本待检测图书里可能会存在 $1 \sim N$ 本没有办理过出借手续的图书，也就是说，当某组特定的待检测图书触发警报的时候，并不能作为排除另一组待检测图书的凭据。

## ▶4.3　二叉树可以更好地对借书问题建模

这个场景可以通过**二叉树**（Binary Tree）来进行结构化的讨论。二叉树是一类计算机数据结构的象形称呼。"树"是计算机数据存储中的一种常见结构，因为和自然界中树木的结构类似而被称为树。和人们常见的树木类似，计算机中的树结构也存在根、叶子（节点）等概念，如图 4-3 所示。二叉树，顾名思义，是指一棵每个父亲节点都有两个孩子节点的树。

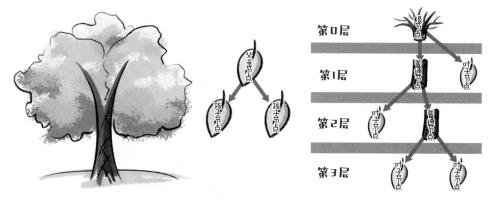

图 4-3　二叉树概念的可视化：节点、层数、父亲节点和孩子节点关系

保安大叔检查时每次都选择一组图书放入机器，进行检查。每一组图书在经过机器检查时都会有触发警报和不触发警报两种结果，这两种结果会引出两个不同的分支。如果一本一本地用机器进行检查，这个过程可视化后如图 4-4 所示。

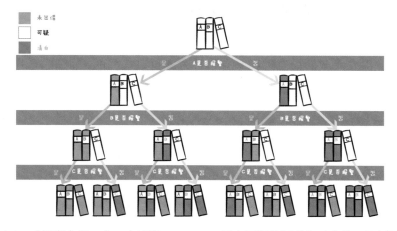

图 4-4　"保安大叔一本一本检查 A、B、C 三本可疑的图书"对应的二叉树结构

　　在决策过程的起点，保安大叔作为决策者并不知道每本图书的状态究竟是"清白"还是"未出借"，因此每一本图书都是可疑状态。二叉树的起始根节点会标记所有图书的状态都为"可疑"。保安大叔的检查过程就是为了厘清每本图书的确定状态。每次检查厘清某本或某几本图书的状态后，二叉树的节点上会标记这些图书的状态，其余图书会被标记为可疑。保安大叔会按照既定方案对所有图书进行检查，直至确定所有图书的状态。此时，二叉树的叶子节点会标所有图书的确定状态（如图4-5所示，每个叶子节点的书都是确定状态的，红色代表该书是"未借出"的，绿色代表该书是"清白"的）。

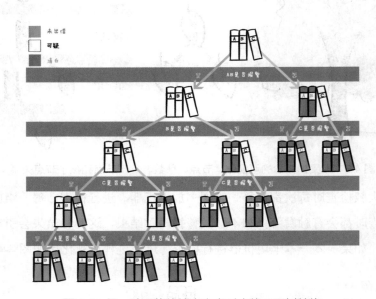

图 4-5　另一种可能的检查方案对应的二叉树结构

　　当然，保安大叔的检查过程是有多种方案可以选择的，如图4-5所示，每种方案的具体操作次数可能不同，对应的二叉树也会不一样。

### ▶ 4.4　二叉树的层数：需要的检测次数

　　假定保安大叔选择了某一种检查方案，则从二叉树的角度出发来理解保安大叔某一次检查的操作过程如下：

　　（1）在二叉树的根起点位置上，保安大叔作为决策者不知晓所有图书的状态。

　　（2）如果当前位置是叶子节点，所有图书状态均已明确，则保安大叔结束检查过程。

（3）如果当前位置是普通节点，则保安大叔需根据既定方案对状态尚不明确的图书进行检查。根据警报是否被触发，沿着二叉树的既定方案执行当前节点的一个孩子节点，再执行第（2）步。

保安大叔进行机器检查的次数其实为执行二叉树中第（3）步的次数，也就是该二叉树中从根节点到叶子节点的路径上所经过的非叶子节点的节点个数，也被称为该路径的长度。

在给定 $N$ 本图书需要检查的时候，在最坏情况下，保安大叔需要进行多少次的机器检查呢？从二叉树的角度来看，这个最坏的情况就对应了二叉树中从根节点到叶子节点的最长路径。这一最长路径的长度，通常被称为二叉树的**层数**。

理解了这些概念，想要能够高效且正确地完成保安大叔的任务，人们就需要找到一个层数最少的二叉树来覆盖和厘清所有图书的状态。为了厘清 $N$ 本书对应的所有状态，任何一个二叉树都至少需要 $2^N$ 个叶子节点。这是因为每一本书在叶子节点上都可以是 { 清白，未出借 } 这 2 种状态中的任意一种。2 本图书就对应了 4 种组合；3 本图书就对应了 8 种组合；$N$ 本书就对应了 $2^N$ 种组合。

那么一个二叉树最少要有多少层，才能构建出 $2^N$ 个叶子节点呢？答案是 $N$ 层。为了最大化叶子节点的个数，人们需要构造满二叉树。满二叉树，顾名思义，就是二叉树的每一层都穷尽了可以生长的节点的个数：所有非叶子节点都有两个向下生长的分支。这样一来，最深的那一层就长满了叶子节点。如图 4-6 所示，一个 $N$ 层的满二叉树，恰好有 $2^N$ 个叶子节点。

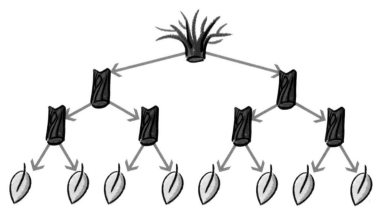

图 4-6 一棵 3 层的满二叉树，共有 $2 \times 2 \times 2 = 8$ 个叶子节点

由此可见，在给定 $N$ 本待检测图书时，最坏情况下，保安大叔仍至少需要进行 $N$ 次机器检测。换言之，保安大叔平时一本一本检测的方法，在最坏情况下其实是最优的。

保安大叔听完商老师的讲解之后，挠了挠头，不可置信地感叹道："那也就是说我的笨办法其实是最好的？"

商老师摇了摇头，说道："其实也不完全是。在最坏情况下它是最优的，但是我们也需要结合实际情况进行考虑。"

商老师问保安大叔："从你的实际工作出发，你觉得学生带走超过 2 本没借过的图书的情况多吗？"

保安大叔回答道："并不多，大多数学生基本都是误拿了一本图书。"

商老师点点头，继续说道："在这种情况下，其实你还是可以从这位同学提到的二分法出发，但最后你要确保把 $N–1$ 本书整体再过一次机器，确认那里面没有没借过的图书。这样的话，大概率情况下，你只需要操作 $\log_2 N+1$ 次；但是最坏情况下，你还是需要进行 $\log_2 N+N–1$ 次机器检查。"

保安大叔高兴地说道："太好了，这样应该是非常保险了，而且还给我省力了！"

# 第 5 章 队列与栈： 明天该穿什么衣服

　　九月开学季，商老师的实验室里来了不少新面孔。按照惯例，在开学之初商老师把学生们聚在一起，让大家彼此熟悉。这天，商老师的实验室里热闹非凡，不同年级的学生们都聚集在一起。商老师提议让大家做个自我介绍，并且说一个有关自己的趣事作为破冰项目。一圈自我介绍结束后，学生们打趣商老师："那老师你有什么趣事跟我们分享吗？"

　　商老师边笑边说道："大家都知道我平日里最喜欢穿 T 恤衫，也有很多的 T 恤衫，我衣柜里的 T 恤衫是按照队列数据结构排序的，以确保每件 T 恤衫有一样的出场频率。"

　　学生们大笑："我们私下还说商老师有那么多 T 恤衫，怎么决定每天要穿哪件呢？"只有小王一个人摸不着头脑。小王是今年刚入学的本科生，还未曾深入接触过计算机科学的知识。商老师见小王一头雾水，便解释道："每次洗干净 T 恤衫，我都会把它们叠好后放入衣柜，但是如何摆放这些 T 恤衫会涉及计算机科学中常用的两个概念——**栈数据结构（Stack，简称'栈结构'）**和**队列数据结构（Queue，简称'队列结构'）**。"

我们可以先来看一个假设的情形。假设条件为：① A 的 T 恤衫在衣柜里上下叠放；② A 平时取用的时候直接选择位于最上方的 T 恤衫；③ A 每天换一件 T 恤衫；④ A 每周清洗一次该周换下来的 7 件 T 恤衫。如果 A 总共只拥有 7 件 T 恤衫，那么每到周日的时候，衣柜里的 T 恤衫会全部被取用完毕，此时，无论 A 如何摆放清洗后的 T 恤衫，每件 T 恤衫都会有一样的出场频率，那么 T 恤衫的摆放顺序对 T 恤衫的出场频率不会有任何影响。但是这个结果在 T 恤衫的数量大于 7 的时候会发生变化。假设 A 总共拥有 14 件 T 恤衫，如果每次 A 将清洗后的 T 恤衫摆放在衣柜中衣服的最上方，那么每次出场的仅为衣柜最上方的 7 件 T 恤衫，而下方的另外 7 件 T 恤衫永远没有出场的机会。当然，A 可以通过随机取用 T 恤衫来均衡 T 恤衫的出场频率，但是这样的话，A 可能每天需要花点时间思考自己明天应该穿哪一件 T 恤衫了。

## ▶ 5.1 把 T 恤衫组织成栈结构

每次把清洗好的 T 恤衫摆放在衣柜中衣服的最上方，这是把衣柜当作计算机中的栈结构来使用。如图 5-1 所示，栈结构是计算机中常用的一种数据结构，它主要是按照**先进后出**（First-In Last-Out， FILO）的理念来维护一些数据元素的存放和取用。在栈结构中，数据元素的存放通常被称为**进栈**（Push)，数据元素的取用通常被称为**出栈**（Pop)。如果把 T 恤衫看作衣柜这个栈结构里的数据元素，进栈就好比人们在衣柜里放入了洗干净的 T 恤衫，出栈就好比人们从衣柜中取用 T 恤衫。先进后出的原则，是指任意两个数据元素中相对更早进入栈结构的元素，其出栈时间一定更晚。栈结构之所以取名为栈，是因为栈结构的处理方式和人们平日里存储货物的栈非常类似——大多数情况下，人们会以上下叠放的方式来存储货物，栈结构中数据的存储也是通过上下叠放的方式进行的。栈中最上面的数据元素称为**栈顶**，最下面的数据元素称为**栈底**。因此，后进栈的数据元素会被存放在当前栈结构的顶端；计算机在进行出栈操作时，也只会调取当前栈顶的数据元素并将其从栈结构中移除。不难发现，不管是进栈还是出栈，栈结构的操作永远是在栈结构的顶端进行。

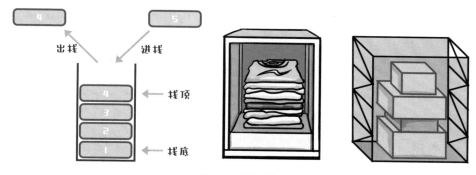

图 5-1　栈结构

在上面的例子中，如果 A 每次将清洗后的 T 恤衫放到衣柜中衣服的最上方，那么衣柜下方的 7 件 T 恤衫就会一直被压在衣柜的下方。

## ▶5.2　把 T 恤衫组织成队列结构

在计算机科学中，还有一种与栈结构相对的数据结构，名为队列结构。队列结构也是计算机科学中常用的数据结构。同栈结构一样，队列结构也是用来维护一些数据元素的进出。但与栈结构不同的是，如图 5-2 所示，队列结构在处理数据时遵循的原则是**先进先出（First-In First-Out，FIFO）**，即任意两个数据元素中相对更早进入队列结构的那个元素，其离开队列结构的时间一定更早。为了实现这个先进先出的性质，队列结构的操作是在队列结构的两端进行的：即**队头（Front 或者 Head）**和**队尾（Back、Tail 或者 Rear）**。在队列结构中，数据元素的存放通常被称为**进队（Push）**，进队是在队列结构的队尾处进行；数据元素的取用通常被称为**出队（Pop）**，出队是在队列结构的队头处进行。计算机在调

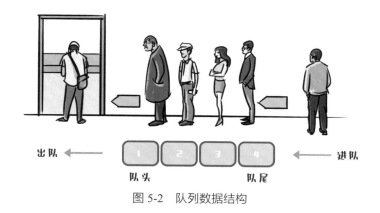

图 5-2　队列数据结构

用队列结构时，当前队头的数据元素会被取用并移出队列结构。本质上，队列结构其实和生活中人们排队买票、吃饭一样——新来的人总是添加在队尾，而下一个买到票或等到座位人是从队头起算的。

同样，在上文的例子里，如果 A 用队列结构来维护 T 恤衫的摆放和取用，那么 A 可以确保最早清洗过的 T 恤衫处于被优先取用的顺位。为了实现队列结构，A 在清洗完衣服后，需要把原先摆放在衣柜里的 T 恤衫拿出来，再将刚刚清洗好的 T 恤衫摆放到衣柜的最下方，然后再把原先摆放在衣柜里的 T 恤衫放上去。这样一来，A 就构建了一个 T 恤衫的队列结构。在这个队列结构中，最上方的 T 恤衫是队列结构的队头，最下方的 T 恤衫是队列结构的队尾，A 每次只从队头取用 T 恤衫，从队尾放入最新清洗过的 T 恤衫，这样一来，便可以保证每件 T 恤衫按顺序被取用，从而每件 T 恤衫总体的出场频率也会相对平均。

小王听完商老师的讲解点点头："商老师的这个想法确实是个好主意，而且这样每天也不用纠结今天我要穿什么衣服，以及最近穿过的衣服是不是刚穿过了。但是，每次需要把之前已经摆放好的 T 恤衫从衣柜里拿出来，然后再放进去，有点麻烦。"

商老师回答道："我们在衣柜里以上下叠放的方式来摆放 T 恤衫，其实本质上更类似于栈存储的方式。在上文的例子里，为了用栈存储来模拟队列，我们才需要把上方的衣服都拿出来再重新放进去。此时的队列结构是一个垂直状态。如果把衣柜里的衣服换一个方式来摆放，那么我们可以有一个更有优的方案。比如说，我们可以把 T 恤衫都卷起来，左右摆放，将左边定义为队列结构的队头，将右边定义为队列结构的队尾，每次取用位于最左边的 T 恤衫；每次清洗过的 T 恤衫摆放到衣柜的最右边，这样一来，就能构建一个更自然的队列结构。还有一些人，可能习惯把衣服全部挂在衣柜里，同理，可以按照左右的方向定义队列的队头和队尾，来实现队列结构的构建。"

小王恍然大悟："就好像让 T 恤衫们排成一个队伍，然后我们可以按照这个队伍的顺序取用 T 恤衫！"

商老师赞许地点了点头。

## ▶5.3　生活中的其他队列结构

队列结构在实际生活中非常常见，队列结构的产生也源自实际生活。人们在实际生活中排队买票，队头位置进行出票处理，队尾位置加入新排队的人。参与排队的这些个体就类似队列结构的数据元素；队头的出票处理过程，就类似计算机中队列结构中数据元素的调用和删除；队尾新加入排队的人的过程，就类似于计算机中队列结构中数据元素的插入。在人人遵守排队秩序的情况下，先排队的人会先买到票，这其实就是遵循队列结构中的"先进先出"原则来确保公平性。另外一个常见的生活实例是消息的收发。如图5-3所示，当人们通过即时通信软件和人聊道"我觉得你发的第二张图片里的衣服更好看"的时候，其实在无形之中，就假设了所有消息的发送顺序和接收顺序是一致的，否则双方看到的"第二张图片"就有可能不同。这个顺序的一致性，也是通过队列结构来实现的。

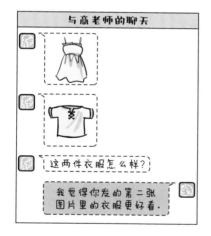

图 5-3　消息收发队列

## ▶5.4　生活中的其他栈结构

当然，栈结构在生活中也有很多实际应用场景。如图5-4所示，大多数火车和地铁列车的掉头，是通过栈结构进行维护和实现的。坐过高铁的人们如果细心观察，就会发现在首发站和终点站，工作人员会前后旋转高铁列车的座位。这是因为高铁列车在首发站和终点站利用栈结构掉头。当高铁列车到达终点时，会继续前进，开到一个专用轨道上，然后倒着开出来，换到另一个轨道。原先的列车车尾此时变成了列车的车头，原来的列车车头此时变成了列车的车尾。这样一进一出，掉头只需要用到一小段专用轨道和原有轨道即可，省时省地。否则，高铁列车有几十个车厢，如果需要按照传统的方式掉头，则需要非常大的空间。这里供高铁列车掉头的专用轨道其实就是一个栈结构，高铁列车开进专用轨道时，原先的列车车头先进入栈结构，但是会最后出栈结构，变成车尾；而原先的列车车尾后进入栈结构，但是会最先出栈结构，变成车头。栈结构会将列车原先的车头车尾调换，这也是为什么通常列车两端都可以被称为"车头"。

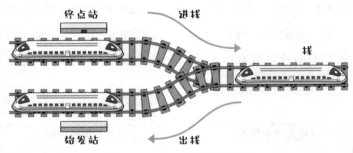

图 5-4　双向火车头的车掉头

小王最后打趣道："谢谢商老师！没想到第一次参加实验室的活动我就学习到了这么多知识！"

第 **2** 篇

# 生活中的算法与理论

# 第6章 蛋糕怎么切才公平：
# 多赢是可能的

　　商老师隔壁家的小朋友卡卡今年已经满 18 岁了。卡卡的爸爸妈妈为了庆祝这个特殊的生日，为卡卡策划了一场盛大的生日派对，邀请了左邻右舍，以及卡卡的小伙伴们。卡卡的梦想是成为一名宇航员，因此卡卡的爸爸妈妈给他定制了一个非常漂亮的宇航员主题的生日蛋糕，如图 6-1 所示。参加生日派对的小朋友们都非常兴奋，他们有的喜欢蛋糕上的宇航员，有的喜欢蛋糕上的地球，还有的喜欢五角星。一时间，卡卡不知道该如何分配眼前这个人见人爱的蛋糕，以便让每个小伙伴都满意。

图 6-1　一个漂亮的蛋糕，但是不对称

商老师看出了卡卡的困扰，安慰道："别着急，你眼前的这个问题确实不简单，因为它涉及计算机科学中博弈论分支中的一个非常经典的切蛋糕问题。"

## ▶ 6.1　切蛋糕是一个博弈论问题

**切蛋糕问题**指的是如何在每个参与者都追求自身利益最大化的情况下，公平分配有限资源。以卡卡眼前的生日蛋糕为例，这漂亮的宇航员主题蛋糕代表当前的有限资源。卡卡需要将这个蛋糕切开，并分配给 $N$ 个小伙伴，使每个小伙伴得到一块蛋糕，而且希望每个小伙伴对自己所得到的那块蛋糕感到满意，即满足他们的期望。

每个小伙伴的主观评价实际上就是博弈论中的**效用函数**（Utility Function），这些函数反映了每个小伙伴对蛋糕不同部分的价值估计。在广义的情况下，效用函数可以理解为博弈中的玩家对自身利益的量化函数。一般而言，每个个体的效用函数都不完全一致。例如，有的小伙伴喜欢蛋糕上的宇航员，因此他们对带有宇航员造型的蛋糕部分的价值估计会高于其他部分的蛋糕；有的小伙伴可能喜欢蛋糕上的五角星，所以他们会对带有五角星造型的蛋糕部分的价值估计也会高于其他部分的蛋糕。

为了简化问题，我们先从两个人的情况即 $N=2$ 开始研究如何公平地切蛋糕。

当两个人的效用函数非常简单时，比如两个人都只关心蛋糕的重量而不关心蛋糕上的具体造型时，切蛋糕问题实际上非常直接。首先，因为两个人的效用函数相同，所以两个人对自己所分到的蛋糕的主观评价总和不可能超过整个蛋糕的总重量。其次，两个人希望最大化自己所分到的蛋糕的重量，因此最终达成的平衡状态就是将蛋糕均分，即每人分到一半的蛋糕。

从博弈论的角度出发，这种平衡状态被称为**纳什均衡**（Nash Equilibrium）。纳什均衡是以博弈论的开山鼻祖纳什（Nash）命名的。纳什均衡是指在博弈中，每个参与者都选择了一种策略后，没有任何一个参与者可以通过改变自己的策略来获得更大的利益。回到切蛋糕的例子，所有最终达到纳什均衡的分割算法，也被称为公平分割算法。公平分割算法确保在切蛋糕时，每个参与者都能够获得他们认为公平的部分。

但现实生活中，每个人的效用函数往往是不一样的，就好比卡卡的小伙伴们，每个人对蛋糕的喜好各不相同，直接将蛋糕按照重量均分并不能很好地满足各方的需求，因此需要更复杂的公平分割算法来平衡各方的需求和利益。

## ▶ 6.2 A 切 B 选算法

### 1. 双人分蛋糕场景

**A 切 B 选算法**是一个比较直接的公平分割算法，这种算法通常适用于双人分蛋糕的情形。具体执行方案为：①第一个参与者 A 将蛋糕切为两块；②第二个参与者 B 首先挑选蛋糕；③剩下的蛋糕留给参与者 A，如图 6-2 所示。这种算法的设计逻辑在于，由于参与者 A 在切蛋糕时，并不知道参与者 B 的效用函数是什么，因此参与者 A 没有办法预知参与者 B 会在第二步时选走哪一块蛋糕。所以，对于参与者 A 来说，最好的选择就是将蛋糕按照自己的效用函数平均分成两部分，这样无论参与者 B 选择哪部分，A 获取剩下的那部分仍然符合自己的预期。如果参与者 A 的效用函数是重量，那么参与者 A 在切蛋糕时，最好的选择是尽可能将蛋糕切成重量和大小一样的两块。

图 6-2　A 切 B 选三个步骤的可视化

在切蛋糕的整个过程中，不难发现，在 A 切 B 选算法中，B 拥有优先选择的权利。如果 A 切的两份蛋糕中，有一份稍微大一些，那么 B 选择大一点的蛋糕的可能性更大。所以在 A 切 B 选算法中，谁作为 A 来切蛋糕和谁作为 B 来选蛋糕，需要通过随机抛硬币来决定公平性。

### 2. 分配主卧和次卧的场景

当然，蛋糕只是生活中各类资源的一个象征符号。切蛋糕的公平分割算法同样可以运用到生活中其他资源的分配上。例如，在合租时，如何公平地分配主卧和次卧？分配后如何分摊房租？此时，A 切 B 选算法同样有很强的借鉴意义：①由租客 A 给出主卧和次卧的费用分摊方案；②再由租客 B 根据价格来选择主卧或次卧；③剩下的房间就留给租客 A。在这种情境中，效用函数可以理解为每个人愿意为主卧 / 次卧支付的租金减去费用分摊方案中的主卧 / 次卧价格（这两个房间的租金总和应该等于总的房租）。

- 当效用函数为0时，表示租客认为需要支付的租金值得主卧/次卧的价值，总体是公平的。
- 当效用函数为正时，表示租客认为需要支付的租金低于主卧/次卧的价值，总体是划算的。
- 当效用函数为负时，表示租客认为需要支付的租金高于主卧/次卧的价值，总体是不划算的。

因为租客 A 在定价时，并不知道租客 B 对主卧和次卧的价值，为了自身的利益，租客 A 的最佳选择就在定价时按照自己的效用函数为主卧和次卧定价，这样才能保证自己在第③步选择时的公平性。

## ▶ 6.3　悬线切蛋糕算法

### 1. 双人分蛋糕场景

另一个有名的公平分割算法是**悬线切蛋糕算法**。如果还以两人分蛋糕为例，悬线切蛋糕算法用形象化的语言来解释是：在切蛋糕时，由第三人随机选取一个角度，拉一根非常细的直线以一个很慢的速度扫过蛋糕；参与者 A 和 B 两人都可以随时叫停，如图 6-3 所示。叫停后，第三人会立刻停下，叫停的人获得直线扫过的那部分蛋糕，另一人获得剩余部分的蛋糕。在这个方法下，两人的最优解都是在一旦看到自己的 1/2 个蛋糕过了线了就喊停，否则就面临着另一人喊停但自己得不到 1/2 个蛋糕的局面。由于悬线的初始方向是随机选择的，对于参与者 A 和 B 来说，没有选择的顺位，对两人都是公平的。

图 6-3　悬线法流程的可视化

### 2. 分配主卧和次卧的场景

回到合租定价的例子，悬线切蛋糕算法也同样适用。一种具体实现是租客可以在一个屏幕上将主卧的价格从最高逐步降下来，租客 A 和租客 B 可以随时叫停，叫停者获得租住主卧的权利，并支付叫停时屏幕上显示的主卧价格。在这种具体实现中，如果租客 A 一心只想住主卧，那么他就必须在最高价格时喊停，否则会面临租客 B 随时喊停而导致自己不得不住次卧的局面。但是如果此时租客 B 只想住次卧，那么这种具体实现会便宜租客 B，租客 B 只需要支付很低的价格便可入住自己想住的次卧。这也是在悬线切蛋糕的情境下，悬线必须从随机的方向开始移动的原因。在合租定价的情境下，为了确保公平性，租客 A 和租客 B 需要先抛硬币，随机决定是从高到低给主卧定价还是从低到高给次卧定价。

实际生活中，更多时候的资源分配是涉及多人的，相比 A 切 B 选算法，悬线切蛋糕算法更容易拓展到多人的情形——任何一个参与者都可以叫停，叫停之后剩下的人继续根据悬线的移动叫停即可。

总而言之，计算机科学中的博弈论提供了一些算法和概念来解决资源的分配问题，以确保资源的公平分配，并尽量满足每个参与者的利益。但是，具体的解决方案还需要取决于参与者的偏好和博弈的具体情境。

听到这里，卡卡一拍大腿："那我们干脆也来一个'悬线切蛋糕'好了！"

# 第 7 章　启发式搜索：
# 《最强大脑》里的那些计
# 算力小游戏

商老师的岳母老王最近迷上了《最强大脑》，特别喜欢看选手们解题，她总是觉得这些选手太聪明、太厉害了。

商老师有空的时候，也会陪老王看《最强大脑》，每次老王感叹选手们怎么这么机智，而自己连看懂题目都费劲的时候，商老师总是宽慰老王："其实《最强大脑》里的一些项目是有解题规律可循的，尤其是最近几季《最强大脑》里出现的挑战项目。熟悉该节目的观众们可能了解，和节目初期相比，最近几季节目中的挑战项目渐渐贴近生活，有很多挑战项目是一些经典小游戏的升级版，比如扫雷、数独、数字华容道等。"

## ▶ 7.1　掌握正确算法，你就是最强大脑

老王半信半疑，说道："有规律可循的话，我也能去参加比赛吗？"

商老师这下来劲了："有一些项目不仅我可以去挑战，你也可以去挑战。不信我给你出一套算法（Algorithm），然后你照着去执行，看看你是不是也能很快地解出《最强大脑》的难题。"

老王将信将疑。商老师进一步解释道："我的算法也能适用于很多的挑战项目，特别是对于计算力和推理力相关的挑战项目，应该还是比较有效率的。我们

需要先了解**启发式搜索**（Heuristic Search）这个概念，然后可以挑一个具体项目展示一下启发式搜索的威力。"

要理解启发式搜索，首先需要理解**搜索**（Search）的概念。搜索，广义上来说是一种**穷举**（Enumeration）**法**。一个常见的需要搜索的游戏是数独。最常见的数独是要在一个9×9的棋盘中的每一个宫格中填入一个1～9的数字，并且保证每一行、每一列、每一个3×3的小九宫格中都没有重复的数字。以数独为例，穷举法顾名思义，就是暴力地枚举所有的空格中填写的数字，然后再一一验证是否满足数独的限制。如果数独有解，那么这样的解法在穷尽了所有可能之后，最终肯定可以找到一种合法的数独答案。显而易见，穷举法的缺点是耗时巨大。

搜索法可以看作对穷举法的一种改进——搜索的过程是一边枚举一边检验，在搜索的过程中，人们一旦发现问题，就需要改变枚举的方向，不在错误的方向上浪费时间。以数独为例，使用搜索法，人们可以尝试在填入当前宫格的数字后，再多填写一个宫格的数字，并确保该宫格的填写符合数独的游戏规则，如果当前两个宫格的数字没有造成冲突，再考虑填写下一个宫格的数字；如果多填写的宫格无解，那么立刻回到当前宫格，更换之前填入的数字。搜索法的过程通常是通过递归来实现的。

启发式搜索是搜索法的一种，是一种相对高效的搜索方式。启发式搜索的核心思想是通过启发函数来动态地调整搜索的顺序，从而及时地发现错误，调整方案以尽快地接近正确答案。启发函数主要用来衡量当前的搜索离最终的结果还有多少距离。启发函数需要针对不同的问题进行设计，并不存在一个普适的启发函数。

## ▶ 7.2 启发式搜索解数独

以数独为例，在数独中，启发函数可以定义为当前数独中，每一个宫格中尚能填写的数字个数（也就是该宫格可能的变数值）；在启发函数的指引下，启发式搜索会优先搜索变数值最小的宫格中应该填写什么数字。启发函数的搜索策略和人类进行数独游戏的方式是基本一致的，比如：①当宫格没有满足规则的数字可用时（即可能的填法为0），启发函数会马上发现无解的情况并引导搜索算法回到上一步，以考虑之前其他可用的数字，避免搜索算法在错误的方向上继续搜索；②当前宫格只有一个满足规则的数字可用（即可能的填法为1）时，该启发函数会引导搜索算法先在该宫格填写唯一的数字，再进行下一步搜索。更一般地来说，启发函数指引搜索算法倾向于优先考虑变数少的宫格；并在每填写一个新的宫格后，衡量剩余宫格中可用的数字，从而形成一个动态调整搜索顺序的效果。

以如图7-1所示的数独为例，为完成该数独，启发函数会首先衡量并决定填数的起始宫格。第7行第9列的宫格（即有五角星的那个格子）一般会成为填数的起始宫格——因为该宫格的变数最少，只能填写4——因为2、5、7、8、9在其3×3的九宫格内出现了，而1、3、6在其横竖行出现了，所以只有这一种可能性。在启发函数的引导下，人们应该从该宫格入手进行填数；然后根据启发函数寻找下一宫格尝试填数。

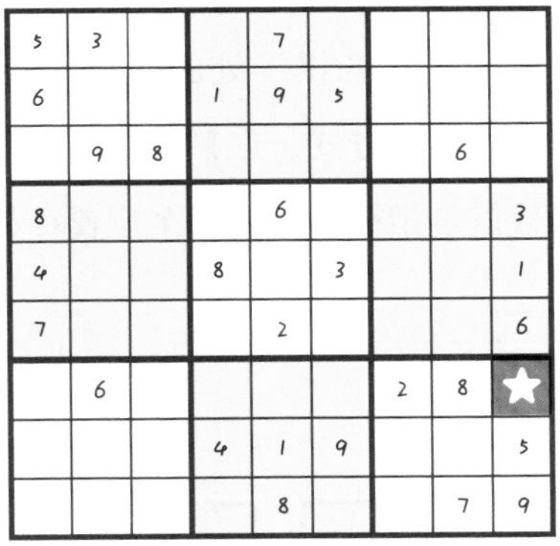

图 7-1　数独

常见的9×9唯一解的数独一般会给出至少17个数字，使用穷举法，最坏的情况下需要尝试 $9^{(81-17)} = 10^{61}$ 种可能的填法，即便使用计算机也是耗时巨大的。但是通过启发式函数，计算机通常可以在不到0.1秒的时间内找到这个唯一解。即使数独的尺寸扩到16×16，启发式搜索依然可以做到秒解。同样地，如果人类玩家沿着这个思路进行解题，通常也可以事半功倍。

## ▶7.3　启发式搜索解珍珑棋局

说了这么多经典的数独问题，怎么才能把启发式搜索泛化到其他游戏中呢？《最强大脑》第8季第10期节目中有一个名为"珍珑棋局"的挑战项目，这个项目需要较强的推理能力。如果参赛选手能很好地利用启发式搜索，便能够在这个挑战项目中有突出的表现。"珍珑棋局"这一挑战项目的规则是，参赛选手需要在棋盘上画一个闭合不自交并经过所有黑白棋子的回路（只能上下左右走）；并且在白棋处必须直行，黑棋处必须转弯，空白处无任何要求。

　　首先，参赛选手需要从搜索的角度来重新定义这个挑战项目。由于挑战项目要求的是回路，参赛选手在做题的时候不需要特别考虑路径的方向。由于规则的限制都在棋子处，所以参赛选手需要搜索的主要是：①在白棋处，参赛选手需要确定回路在该棋子处是上下通过，还是左右通过；②在黑棋处，参赛选手需要确定回路在该棋子处如何转弯，转弯本质上由两个线段组成，一个线段在上下方向中进行选择，另一线段在左右方向中进行选择。确定了棋子处回路的方向选择，参赛选手剩下需要搜索的是通过空白格子将回路路径的片段连接起来。

　　如何在这个基础上设计启发函数呢？参赛选手可以从 7.2 节数独的例子出发，沿用数独解法，首先确定变数较少的棋子处的回路路径。如图 7-2 所示，在通常情况下，回路在白棋处有 2 种通过方式，在黑棋处有 4 种通过方式；在空白处有 6 种通过方式。此时，启发函数值是指棋盘中的每个位置存在的回路通过方式的个数。

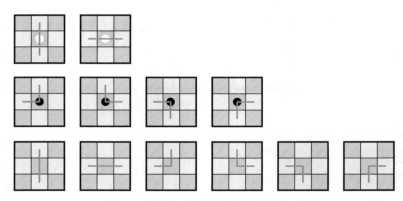

图 7-2　黑棋、白棋处的几种通过方式

　　如果仔细观察，参赛选手应该不难发现，当白棋在棋盘边界处时，该白棋处的回路通过方式是唯一确定的；当黑棋在棋盘角落处时，该黑棋处的通过方式是唯一确定的；当棋子直接相邻的时候，回路之间的通过方式是联动的。因此，参赛选手可以按照启发式搜索的方式来动态调整每个棋子 / 空格处通过方式的可能性，从而来引导搜索。

如图 7-3 所示，参赛选手可以率先确定回路通过所有位于棋盘边界处的白棋的路径。

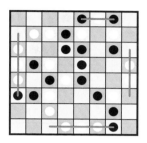

图 7-3 考虑边界上的白棋

然后，参赛选手可以进一步观察与这些路径相邻的棋子和空格，来重新计算这些棋子和空格处的启发函数值，即回路通过方式的可能性。不难发现，此时，部分棋盘边上的黑棋处只剩下了一种可能的回路通过方式。因此，参赛选手可以继续做推理，如图 7-4 所示。

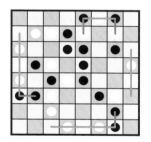

图 7-4 观察相邻的空白和棋子

通过回路的联动，参赛选手应该可以进一步发现，一些白棋处的启发函数值变为了 1，也就是说该白棋处只有一种回路的通过方式，所以应该优先进行该白棋处的搜索。因此参赛选手可以继续推理，如图 7-5 所示。

这里还需要注意的一点是，回路在黑棋处的通过方式永远是不仅在上下方向中选择，还在左右方向中选择。如果把这两个选择分开，则参赛选手可以对这两个选择分开搜索，即分开计算启发函数。观察当前的路径，有一些黑棋通过附近的白棋已经确定了回路的通过方式，利用这个信息，参赛选手可以进一步找到启发函数值为 1 的黑棋，如图 7-6 所示。

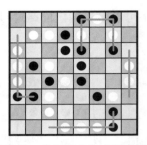

图 7-5　通过回路联动，找到更多的启发函数值变为 1 的地方

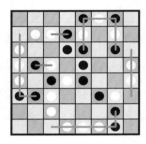

图 7-6　黑棋处的上下和左右两个方向可以分开考虑

接下来，参赛选手可以在现有信息的基础上，不停地就棋盘上的位置计算和更新启发函数值，同时考虑这些路径片段组成完成回路的可能性，直到把所有的启发函数值为 1 的情况推理出来，如图 7-7 所示。本质上，参赛选手到这一步的操作是不需要回头验证的，因为当启发函数值为 1 时，棋盘上某一固定位置的回路路径是有且仅有一种可能的。

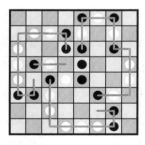

图 7-7　穷尽了启发函数值为 1 的情况

当参赛选手推理到这一步的时候，棋盘上剩下的回路路径上未确定的棋子已经很少了，此时参赛选手可以通过回路的要求进行推测，应该能够很快得到正确答案，如图 7-8 所示。

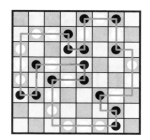

图 7-8　正确答案

按照启发搜索的思路，其实参赛选手能够以一种相对量化和高效的思路来挑战这个项目。

老王听完商老师的长篇大论，不禁感叹道："以前看《最强大脑》感觉自己只是看了个热闹，原来这里面有这么多的知识呀！"

# 第 8 章　深度优先遍历：迷宫里的右手法则

　　商老师的表弟今年高中毕业，在大学开学之前，他拥有了一个特别快乐轻松的暑假。表弟把大多数的暑假时间都放在了钻研迷宫上。这天，商老师到表弟家做客，表弟把商老师拉到自己房间里，一脸虔诚地向商老师请教："表哥，你有没有走迷宫的窍门可以传授？"

　　商老师看着表弟一脸虔诚的样子，心想："这小子，还真是迷上了迷宫呢。"商老师调侃道："那我就大发慈悲地传授你几招？"

　　表弟点头如鸡啄米状。

## ▶ 8.1　矩形迷宫中的右手法则

　　商老师继续说道："迷宫的类型有很多，今天我们研究一下平面迷宫吧。如图 8-1 所示，平面迷宫中有一种最简单的迷宫，我们称之为矩形迷宫。矩形迷宫的主要特点为，道路和道路之间被墙隔开，路径的四周被墙包围住，只存在唯一的起点和终点。一般矩形迷宫的设计上会保证至少存在一个解。"

　　解开这类矩形迷宫的方法其实非常简单，大体上可以总结为**右手法则：**

　　（1）如果当前道路右边不存在墙，则向右转并向前走一步。

　　（2）如果当前道路右边存在墙、前面不存在墙，则向前走一步。

图 8-1 矩形迷宫例子。黑色是墙，白色是道路

（3）如果当前道路右边存在墙、前面也存在墙，则向左转并向前走一步。

（4）如果当前道路右边、前面、左边都存在墙，则转身并向前走一步。

利用上文里的矩形迷宫，人们可以检验一下右手法则的有效性。运用右手法则时，左右方位需要结合迷宫的起点位置进行判断，即以迷宫起点位置作为左右相对方位的判断基准。如果运用右手法则，如图 8-2 所示，在探索通路时，可

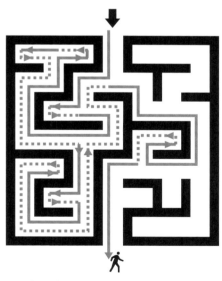

图 8-2 右手法则的运用结果，虚线部分为回头路

能会存在一些回头路，但整体上，右手法则可以顺利地帮助人们找到从起点到终点的路径。右手法则并不能保证人们最快地找到这类矩形迷宫的通路，但能保证人们一定可以找到这类矩形迷宫的通路。

## ▶ 8.2 右手法则与深度优先搜索

右手法则之所以有效，是因为其核心源自计算机科学中的**深度优先搜索**（**Depth-first Search**）。顾名思义，深度优先搜索是以优先深度为准则，算法会先按照一条道路一直往下进行搜索，直到达到目标或者无法继续搜索时才会掉头。深度优先搜索其实是一类递归和回溯，搜索算法会以优先深度为准则递归下去，直到达到目标或者无法继续搜索时，进行回溯。当然，在深度优先搜索中，算法通常还需要记录搜索过的地方，否则算法会有陷入无限循环的风险。在计算机科学中，与深度优先搜索对应的，是**广度优先搜索**（**Breath-first Search**）。广度优先搜索是以优先广度为准则，算法会优先遍历最近的地方进行搜索，直到达到目标或者遍历完所有地方。

在迷宫中，无论当前道路上存在多少条岔路，深度优先搜索会优先对某一条道路进行探索，直到该条道路抵达出口或者遇到墙无法继续时，才会退回上一个岔路口，重新选择道路进行探索。而广度优先搜索则会优先对当前位置的所有道路进行搜索，如当前位置存在三条岔路，广度优先搜索会同时对这三条岔路进行探索。在迷宫中，广度优先搜索通常无法通过单人完成——如果有足够多的人员参与迷宫游戏且他们之间具备良好的通信条件，那么这些人员可以同时对当前位置的所有道路进行搜索，这样广度优先搜索可以帮助这些人员很快找到迷宫的通路。

**右手法则**是深度优先搜索的衍生，是矩形迷宫中一种常见且有名的解题思路。但是，人们在矩形迷宫中使用右手法则时，并不需要额外记录走过的地方，就能确保找到从起点到终点的通路，也无须担心无限循环的风险，这是为什么呢？这就要从矩形迷宫的特殊性来进行解释了。

不论矩形迷宫有多少条岔路和死胡同，都逃不过一条定律——矩形迷宫中间有不同的道路，道路的两边是迷宫的内墙或者外墙。右手法则经常被形象化地称为**右手摸墙行走**。沿用上文的矩形迷宫例子，在进行右手法则探索迷宫通路时，人们可以想象有一个小人在迷宫里行走，并用他的手摸着迷宫的墙前行。小人的右手在探索通路前进时，摸过的所有墙可以用颜色标记出来，如图 8-3 所示。人们不难发现，在小人探索通路的过程中，只有迷宫的一部分墙被小人的右手摸过。除了矩形迷宫的外墙部分，每一面被小人右手摸过的墙，其正反两边都会被小人的右手摸过。

图 8-3　右手摸过的所有墙都标成了灰色，黑色部分的墙不影响迷宫的解

更有趣的一点是，如果小人在到达出口后，继续按照右手法则行走，其实会回到迷宫的入口。此时，小人右手摸过的迷宫外墙部分也都会变成正反两边都被摸过的状态。

从这一点延伸出去，小人按照右手法则走迷宫的过程，其实是从入口处出发，历遍其右手边的墙，因此，只有当沿着入口处右手边的墙往下探索可以到达到出口时，右手法则才能适用。这意味着迷宫的出口和入口其实需要处于一条线段上，用形象化的语言来说，右手法则适用的前提条件是，迷宫入口和迷宫出口之间是通过墙联通的。在矩形迷宫中，因为有一圈外墙的存在，所以迷宫入口和迷宫出口之间一定是通过外墙连通的，这也是为什么右手法则在矩形迷宫中一定可以奏效的原因。

## ▶ 8.3    右手法则与迷宫拓扑结构

通过 8.2 节的分析可知，右手法则是否适用于迷宫，取决于该迷宫入口和迷宫出口之间的连通情况，而非迷宫的具体形状，也就是需要从拓扑学的角度来考察迷宫的拓扑属性。

在**拓扑学（Topology）**中，物体的具体形状不再重要，重要的是物体在一系列形变后保持不变的物体属性。假如两个物体经过挤压、扭曲、旋转等一系列改变形状的操作可以变成一样的形状，那么这两个物体在拓扑意义上被认为是等价的。有一个比较直观的理解是，人们可以想象用橡皮泥塑造三角形、圆形和正方形——这三个物体本身并不全等，但是通过挤压、扭转、旋转等操作，这些形状可以变回同一块橡皮泥。那么，**在拓扑意义下，这三个物体被认为是等价的**。

在拓扑意义下，无论矩形迷宫被设计得多么复杂，这些矩形迷宫在本质上仍然是一个矩形。如图 8-4 所示，任意一个矩形迷宫都可以看作从最原始的、最简单的矩形出发，不断地对矩形迷宫现有外墙进行延展操作后形成的。人们可以想象这个迷宫的所有墙都是用橡皮泥捏的。当需要延展现有外墙的时候，橡皮泥可以被无限延展，拉出一堵新的墙。当有一个新的内墙被添加在矩形迷宫中后，矩形迷宫内部将会有不同的岔路和干扰路径出现。所以，在拓扑意义下，如图 8-4 所示，这里的两个迷宫是等价的；在此基础上，更复杂的矩形迷宫也不过是通过不停地增加和延展外墙实现的，在拓扑意义下，也都与最原始、最简单的矩形迷宫等价。

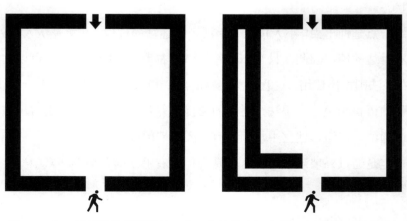

图 8-4    左：最原始的矩形外墙；右：像捏橡皮泥一样，延展出一堵新的墙

最原始、最简单的矩形迷宫只有外墙，其实就是一个矩形，迷宫入口和迷宫出口一定是通过外墙连通的，因而按照右手法则，沿着外墙前行，便能找到迷宫的通路。所有同这个最原始、最简单的矩形迷宫拓扑等价的矩形迷宫，无论其内部结构有多复杂，右手法则均可以适用。

有趣的是，如果仔细观察这个最原始、最简单的矩形迷宫，如果一直沿着左手方向的外墙前行，也是可以找到迷宫的通路的。因此有些时候人们也会听到左手法则这一说法。无论是左手法则还是右手法则，其精髓都可以总结为进入迷宫入口后，选择一个方向一直按照该方向走下去，便可以找到迷宫出口——这一方法论奏效的原因，究其根本是矩形迷宫的入口和出口一定是通过外墙连通的。

## ▶ 8.4　右手法则在其他迷宫未必奏效

虽然右手法则在矩形迷宫中往往行之有效，但是在很多其他的平面迷宫中则不然。如果一个迷宫的入口和出口不连通，则右手法则在这类迷宫中是无用武之地的。如图 8-5 所示，一个经典的例子是回字形迷宫。如果遵循右手法则，人们会在回字形内部不停地转圈。

图 8-5　回字形迷宫，右手法则不适用

但是，右手法则仍然可以为这类型迷宫的解题提供帮助。上文提到，在深度优先搜索中，为了避免进入无限循环，算法需要记录已经搜索过的地方。在回字形迷宫中，人们可以去记录每一面墙是否已经被搜索过。同样地，为了形象化，人们可以想象有一个小人在迷宫中行走，当人们发现小人的右手当前摸到的墙是小人之前已经摸过的墙时，小人应该退回到没有摸过的墙边，继续按照右手准则进行搜索。这样可以避免陷入回字形迷宫的无限循环，这样，利用右手法则并不断调整搜索策略，人们最终不难找到迷宫的通路。

表弟聚精会神地听完商老师传授的诀窍后，大呼："大学专业我选了计算机科学一点没错呀，感觉开学之后，随着我越来越多地学习计算机知识，我的迷宫水平也将日益精进呢！"

# 第 9 章　最短路与负环：套餐定价和外汇兑换的约束

商老师的小侄子今年上初二，特别喜欢商老师家附近的一家奶茶店。放暑假的时候，他最喜欢来商老师家玩耍，经常吵着让商老师带着去奶茶店买奶茶。

这天，商老师又带小侄子去奶茶店。奶茶店的菜单如图 9-1 所示。小侄子最喜欢喝的是海盐芝士奶茶，另加奶油和奥利奥。海盐芝士奶茶的价格是 20 元，另加的奶油和奥利奥各是 5 元，所以总共是 30 元。商老师结好账等餐的时候，为了打发时间，细细读起了这家奶茶店的菜单，突然发现了一个更优的组合，奥利奥奶油奶茶的价格是 23 元，另加海盐芝士 5 元，如此组合，一共是 28 元。

商老师问小侄子："奥利奥奶油奶茶＋海盐芝士，和海盐芝士奶茶＋奶油＋奥利奥，是不是最后的成品是一样的？"

小侄子看了看菜单说道："是的，我同学以前点过奥利奥奶油奶茶＋海盐芝士，味道和海盐芝士奶茶＋奶油＋奥利奥是一样的。"

商老师继续问小侄子："那既然成品没有差别，如果我们先点奥利奥奶油奶茶再加海盐芝士，是不是总价要低于我们先点海盐芝士奶茶再加奶油和奥利奥？"

小侄子仔细看了看账单，心里做了一个简单的计算，还真是。小侄子嘟囔着："确实，但是这也太奇怪了，怎么同一家店里同样的成品，价格会不一样呢？"

| 品 名 | 价格/元 |
|---|---|
| 海盐芝士奶茶 | 20 |
| 奥利奥奶油奶茶 | 23 |
| 奶茶 | 14 |
| 海盐芝士 | 5 |
| 奥利奥 | 5 |
| 奶油 | 5 |

图 9-1　奶茶店的菜单

商老师笑了笑，说道："看来这个菜单并没有通过最短路算法来进行**合理性检验**。"

## ▶ 9.1　合理的菜单定价与三角形不等式

一个理想的菜单应该满足套餐的价格优于单点的价格，从而刺激消费者的消费欲望。这个要求在数学上可以表述成一个不等式：价格（A）+ 价格（B）>= 价格（A+B），如图 9-2 所示。A 和 B 代表菜单上的两个单品；A+B 则通常是某个套餐。这个数学上的不等式也被称为**三角形不等式**：通过在平面上建立三个点，这个不等式就可以形象化地表达为"三角形的两边之和大于第三边"。如图 9-2 所示，第一个点"什么都没有"代表着消费者还没有进行任何点单，第二个点"买到 A"表示只有 A，第三个点"买到 A+B"表示同时有 A+B。那么第一个点"什么都没有"到第二个点"买到 A"的距离就是单买 A 的价格，即价格（A）；第二个点"买到 A"到第三个点"买到 A+B"的距离就是单买 B 的价格，即价格（B）；第一个点"什么都没有"直接到第三个点"买到 A+B"的距离，就是价格（A+B）。

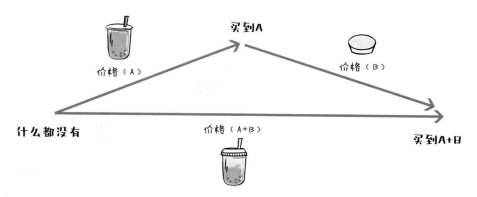

图 9-2　三角形不等式示意图，"三角形的两边之和大于第三边"

　　一般菜单都会设计套餐的价格优于单点的价格，比如奥利奥奶油奶茶其实是奶茶、奥利奥饼干和奶油的套餐形式，比顾客单独点奶茶再加入奥利奥饼干和奶油划算：价格（奶茶）＋价格（奥利奥）＋价格（奶油）＝ 14 ＋ 5 ＋ 5 ＝ 24 元，高于奥利奥奶油奶茶的价格 23 元。

　　但是，按照这家奶茶店的菜单定价，价格（奶茶）＋价格（海盐芝士）＝ 14 ＋ 5 ＝ 19 元，低于海盐芝士奶茶的价格 20 元。因此，海盐芝士奶茶的定价虚高了，作为一个套餐价格并没有实际优惠，反而比单点奶茶再加单品贵 1 元。这种定价显然是和顾客的期待相悖的，也不符合市场预期的合理性。

　　这说明，这家奶茶店在设计菜单和定价的时候没有进行合理性检验。商家在对菜单进行定价时，可以通过**图论**（**Graph Theory**）对定价机制进行一个简单的合理性检验。

## ▶9.2　从菜单到图论

　　图论是计算机科学中的一个重要概念。顾名思义，图论是通过一系列的图（Graph）来进行论证的思维结构。图论主要是将抽象的逻辑关系形象化为具体的图来进行分析。图论中的图，是由若干给定的"点"和连接这些点的"线"构成的，这些给定的点被称为**顶点**（**Node 或 Vertex**），连接这些顶点之间的"线"被称为**边**（**Edge**）。顶点代表具体的事物，边代表事物和事物之间的关系。由此，具体的事物和事物之间的关系可以抽象成图来展现。在菜单价格合理性检验的情境中，如图 9-3 所示，图中首先有一个顶点代表顾客此时没有购买到任何产品；菜单中的所有套餐和单品也以顶点的形式表现在图形中，代表顾客此时已经买到了某个产品或产品组合。

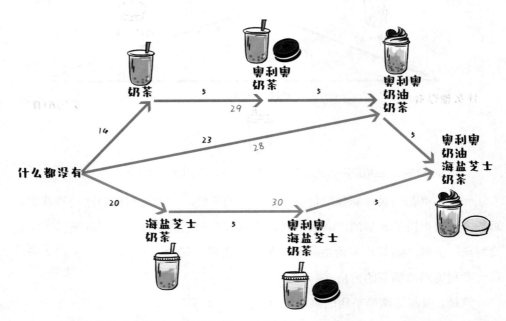

图 9-3　奶茶店菜单对应的图。可以看到从"什么都没有"顶点出发，至少有三条不同的路径
到达"奥利奥、奶油、海盐芝士、奶茶"这个产品组合。最短路对应 28 元

　　如果顾客可以从顶点 A 对应的产品组合出发，再多加点菜单上的已有单品，即可以获得顶点 B 对应的产品组合，那么从顶点 A 到顶点 B 就会被构建一条**有方向的边（简称有向边，Directed Edge）**。这里的方向指的是 A、B 之间的关系是由 A 出发，加点单品可获得 B；但从 B 出发，无法加点单品获得 A。这条边的长度（Edge Length）代表顾客加点单品需要支付的价格。在菜单价格合理性检测中，所有的边都是有方向的，因此这个图是**有向图（Directed Graph）**；同时，这里的有向边都是从产品少的顶点连向产品多的顶点的，因此这个图是无环的（Acyclic）。所以这个图是一个有向无环图（Directed Acyclic Graph，DAG）。

　　顾客的点单行为可以在图中可以被抽象为：从"什么都没有"顶点出发，到最终选购的产品组合对应的顶点的一条**路径（Path）**。这条路径详细记录了每一次新加点的单品及其价格——每新加点一个单品，该条路径上会新增一条有向边，并从当前的顶点移动到下一个与产品组合对应的顶点。路径长度（Path Length）等于路径上所有边的长度之和，实际上代表顾客本次点单所需要支付的总价格。

在建立起图之后，三角形不等式可以作为一个最直观和简单的合理性检验方法。但是当检验涉及一些超过三个顶点的路径时，三角形不等式就无法直接适用了。这时，合理性检验需要引入**最短路（Shortest Path）算法**。

## ▶ 9.3　用最短路算法进行合理性检验

在图论的某一具体图中，从一个顶点到另一个顶点可能同时存在多条路径，而最短路，顾名思义，是通过计算找到从一个顶点到另一个顶点的所有可能路径中最短的路径长度。最短路是图论中的一个经典问题。最短路问题主要分为两类：①单源最短路（Single-source Shortest Path），即只关心从一个固定起始顶点到其他所有顶点的最短路；②所有顶点对之间的最短路（All-pair Shortest Path），即需要计算所有顶点两两之间的最短路。

在菜单定价合理性检验的情境中，顾客点单永远是从"什么都没有"开始的，因此与之对应的顶点是一个永远固定的初始顶点。合理性检验需要关心的是从起始顶点到其他所有其他顶点的最短路，即顾客最少需要支付多少钱可以获得某项具体的单品或者套餐，所以这个菜单定价的合理性检验考虑的是单源最短路问题。

在进行菜单定价的合理性检验时，我们可以将从初始顶点到某一顶点 $X$ 的最短路径表述为 Distance（$X$）。初始顶点始终固定，$X$ 可为图中的任一顶点。以初始顶点为例，Distance（$X$= 初始顶点）=0。要进行菜单合理性检验，我们需要计算初始顶点到图中的所有顶点的最短路。在计算完最短路后，如果任一顶点的最短路 Distance（$X$）小于该顶点代表的单品或者套餐在菜单上的价格 Price（$X$），则菜单的定价欠缺合理性。

最短路计算过程的本质，是反复套用三角形不等式更新 Distance（$X$）。在没有完成所有计算时，Distance（$X$）仅为当前已知的、从起始顶点到顶点 $X$ 的路径中的最短路（简称为**当前最短路**）。在没有进行任何计算时，只有初始顶点的最短路径固定，为 0，数学表示为 Distance（初始顶点）=0。从初始顶点到其他顶点的最短路因尚未进行计算和探索，因此最短路被认为是无穷大的。当前最短路可能会随着计算的推进而不断地被更新——如图 9-4 所示，如果图中 $A$、$B$ 两点之间存在一条边，距离为 $C$，则 $A$、$B$ 加上初始顶点可以构建三角形，运用三角形不等式可以判断 $B$ 的最短路是否可以被更新：如果 Distance（$A$）＋ $C$ 比

Distance（B）小，则三角形不等式无法满足，意味着 Distance（B）应该被更新为 Distance（A）＋C，得到一个更优的"当前最短路"。这一步更新操作在计算机科学中称为**松弛（Relax）**操作。在图中所有可以同初始顶点一起构建的三角形关系中，当三角形不等式都满足时，Distance（X）中存储的"当前最短路"为真正的最短路（为和上文区分，这里的最短路简称为**最终最短路**）。

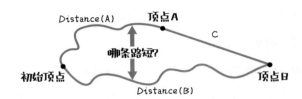

图 9-4　松弛操作示意图。检查 Distance（A）＋C 是否能更新 Distance（B）

那么，在菜单定价合理性检验的情境中，最坏需要多少次三角形不等式的检验才能确定最终最短路呢？由于顶点到顶点的有向边的长度代表价格（均为正数），所以任何最短路都不应两次经过同一个顶点。这个定理可以通过反证法来证明：如图 9-5 所示，如果最短路对应的路径经过了同一个顶点两次或更多次，那么第一次和最后一次经过该顶点之间的路径可以被整段删除；该段路径被删除后，整段路径的起点和终点并不会发生变化，但整体路径长度会缩小——这与"最短路"的条件本身存在矛盾，因此无法成立。

图 9-5　当图中的边都是正的时候，最短路不会通过同一个顶点多次

因为最短路不会两次通过同一个顶点，所以任何从初始顶点到任一顶点的最短路最多不会超过 $N{-}1$ 条边，这里的 $N$ 为顶点总数。因此，为了确定初始顶点到某一顶点的最短路径，在最坏情况下，最短路的计算需要对 $N{-}1$ 条边依次运

用三角形不等式检验并进行松弛操作。由于无法预知最短路径中边的组成顺序，同时初始顶点到不同顶点路径的边的组成顺序可能不同，保险起见，最短路的计算可以每一轮都对所有边依次尝试松弛操作，如此重复 $N-1$ 次，从而确保从初始顶点到任一顶点的最短路中所有可能的边的组成顺序都被考虑到。这个不断松弛的方法，就是经典的 Bellman-Ford 最短路算法。Bellman 和 Ford 是发明这个算法的两位作者的姓。

## ▶9.4　最短路算法与货币兑换中的负环

最短路算法概念在货币兑换中也很常用，只不过很多时候，算法需要计算的是**最长路**（Longest Path）。从最短路算法到最长路算法的修改并不复杂，只需要将上文提到的三角形不等式中的"小于等于"关系换成"大于等于"关系即可。

理论上而言，从 1 元价值的人民币出发，无论如何通过币种和汇率的兑换，最后兑换回人民币时，其价值不应该超过初始兑换时的 1 元，否则，货币兑换就会存在套利空间。三角形不等式是通过加法进行的，但在货币兑换中，换汇时不同币种之间是通过汇率的乘法来进行币值兑换的，如果通过图论来表示不同币种之间的换汇，将不同币种作为顶点，将汇率作为边，则顶点和边之间呈现的是乘法关系。举一个具体的例子，如图 9-6 所示，可以将人民币、美元、欧元都看作图论中的顶点，顶点之间的边代表货币之间的汇率关系，在货币兑换的情景下，这些边代表了乘法关系：

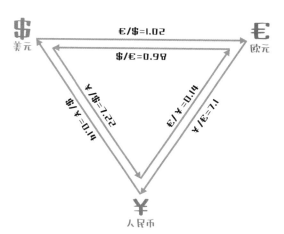

图 9-6　货币兑换的图抽象。这里的汇率是乘法关系

此时，如何通过三角形不等式进行合理性检验呢？如图9-7所示，这种乘法关系可以通过对数log转化为加法关系，log( 人民币兑美元汇率 × 美元兑欧元汇率 × 欧元兑人民币汇率 ) = log( 人民币兑美元汇率 ) + log( 美元兑欧元汇率 ) + log( 欧元兑人民币汇率 )。通过对数log的转化，可以将这些边转化为加法关系（比如"×1.02"就变成了"+log(1.02)"）。

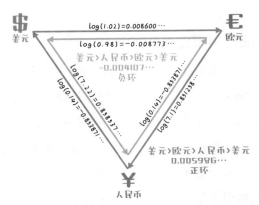

图 9-7　货币兑换中的环举例。汇率取了自然对数 log 后变为加法关系

在合理的汇率兑换情境下，无论初始币种通过多少次的换汇，最终回到初始币种时，价值不应超初始的价值。以人民币 1 元作为初始币种为例，这一数学表示为

(1× 人民币兑美元汇率 )× 美元兑欧元汇率 × 欧元兑人民币汇率 ≤ 1

对这个数学公式的两边同时取对数，得

$$log (1) + log ( 人民币兑美元汇率 ) + log ( 美元兑欧元汇率 ) +$$
$$log ( 欧元兑人民币汇率 ) ≤ log (1)$$

对这个数学公式进行化简 ( 注意 log (1) = 0) 可得

log ( 人民币兑美元汇率 )+log ( 美元兑欧元汇率 )+log ( 欧元兑人民币汇率 )≤ 0

如果满足这个不等式，则外汇兑换制度合理，反之，则要判断在当前汇率下的货币兑换是否存在套利空间，我们需要检查该不等式是否不成立——在图中需要判断是否存在正环。**环（Cycle）**指的是起点和终点相同的路径，比如人民币兑换美元、然后美元兑换欧元、最后欧元兑换人民币（如图9-7所示），就形成了一个环；**正环（Positive Cycle）**指的是距离为正数的环。如果一个图

中存在正环，则最长路就有可能变为无穷大。与正环相对的，可以定义**负环**（**Negative Cycle**），即距离为负数的环。如果一个图中存在负环，则最短路就有可能变为负无穷大。因为正环、负环在最长路和最短路问题中的对称性，判断一个图中是否有正环、负环的方法也是对称的，只需要对应地运用最长路、最短路算法即可。

那么如何判断负环呢？当一个图有负环的时候，会导致从初始顶点到某个或某几个顶点之间的最短路会重复经过图里的负环，从而将最短路逼近负无穷。这一点和 Bellman-Ford 算法中的假设矛盾。在 Bellman-Ford 算法中，最短路不可能两次经过任意顶点。因此，在判断负环是否存在的时候，我们只需要在 Bellman-Ford 算法执行完之后，再对所有的边尝试松弛操作，如果发现依然有边可以松弛，则说明图中有负环的存在；如果都不能松弛，则无负环。

小侄子听完商老师的长篇大论后，揉了揉头，感叹道："没想到一个小小的菜单定价里有这么多道理。要把这些知识都消化完，我恐怕还得再喝几杯奶茶提提神呢！"

# 第 10 章　最佳匹配：
# 外卖平台是怎样派单的

商老师的发小小郦最近乔迁新居，约商老师和其他一起长大的朋友们在新家里聚一聚。小郦下厨做了几个拿手好菜，还在饿了么 App 上点了几份外卖。小郦看着饿了么上点的外卖订单迟迟没有分配外卖员，急得直挠头，嘀咕着："平台怎么回事呀，怎么还不派单呀！"

商老师安慰道："别急，说不定这会儿运力不足呢，一会儿就有了。就这会儿等的工夫，我们正好可以聊聊外卖平台是怎么派单的。"

## ▶10.1　外卖派单与二分图

外卖平台派单的需求往往出现在外卖平台同时收到了 $M$ 个外卖订单，且与此同时刚好有 $N$ 个外卖员在等待接单时。为了简化问题，这里假设每个外卖员每次最多只接一个外卖订单。

平台首先需要对现有的运力进行判定——此时 $N$ 个外卖员是否可以消化完 $M$ 个外卖订单？显而易见，当 $N$ 小于 $M$ 时，运力明显不足。在现实情况下，为了保证配送的效率，外卖员通常都是在固定的区域范围内进行配送。在通常情况下，外卖员不会对该固定区域范围外的订单提供配送服务。因此，即便 $N$ 大于 $M$，运力也可能是不充足的。

为了形象化地讲解运力判定问题，此处引入二分图（Bipartite Graph）的概念。二分图是一种特殊的图（Graph），其特殊性在于，图中的所有顶点（Node）可以被分为左右两部分，并且所有的边（Edge）所连接的两个顶点都分属左右两部分。二分图有时也被称为二部图。

## ▶ 10.2 二分图匹配与运力判定问题

在运力判定问题中，二分图的顶点包括"外卖员"和"外卖订单"两部分，如图 10-1 所示，其中，"外卖员"指某一固定范围内积极接单的所有外卖员，如小明、小红、小李和小张；"外卖订单"指某一固定范围内积极接单的商家，如过桥米线、奶茶、肯德基。外卖员和外卖订单两个顶点之间的边代表某一特定外卖员有能力接受平台的某一特定的外卖订单。基于这个二分图，运力判定问题在图论中就可以被抽象为：在二分图中，人们能否找到 $M$ 条边，并且这 $M$ 条边的顶点两两不同？因为每条边都涉及一个外卖订单顶点和一个外卖员顶点，所以"这 $M$ 条边的顶点两两不同"包含了两层含义：①外卖订单这部分的顶点两两不同，可以保证 $M$ 个外卖订单都被外卖员接受；②外卖员这部分的顶点两两不同，则同时保证了 $N$ 个外卖员，每人最多只接受一单外卖订单。

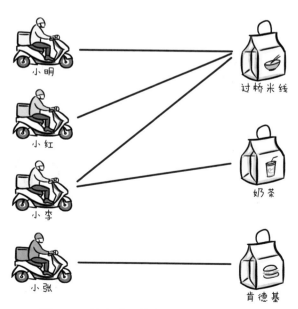

图 10-1 外卖员和外卖订单的二分图举例

这里的二分图很像小学测试里经常出现的连线题，如图 10-2 所示——保证题目左右两边的选项两两匹配，且不重复。

图 10-2　小学测试连线题

在计算机科学中，一组顶点两两不同的边被称为一个**匹配**（Matching）。如图 10-3 所示，小李接到过桥米线的 1 个订单，形成匹配中的 1 条边；小张接到肯德基的 1 个订单，形成匹配中的 1 条边。某个匹配的大小通常被定义为其中包含的边的数量，"小李 + 过桥米线"和"小张 + 肯德基"共同形成 1 个匹配，这个匹配中包含 2 条边。在某二分图中，包含边数最多的匹配，被称为该二分图下的**最大匹配**（Max Matching）。

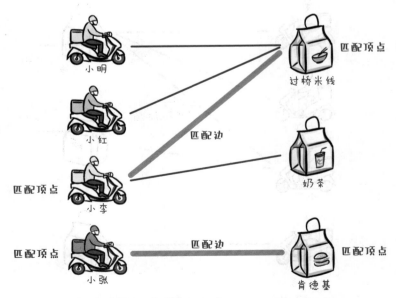

图 10-3　匹配举例，加粗、加红的两条边组成了一个匹配

因为匹配中的顶点必须两两不同，同时在外卖员和外卖订单的命题下，外卖订单数 $M$ 是小于或等于外卖员个数 $N$ 的 （否则运力明显不足），所以该命题下最大匹配不会超过 $M$（因为二分图中顶点较少的一侧下只有 M 个顶点）。因此，在外卖员和外卖订单情境下的运力判定问题，从图论的角度而言，是在探讨二分图下的最大匹配是否等于 $M$。

## ▶10.3 二分图最大匹配：匈牙利算法

**匈牙利算法**（ Hungarian Algorithm ）是计算二分图最大匹配问题的经典算法。匈牙利算法历经多代多位计算机科学家和数学家的改进，但很大一部分是基于匈牙利数学家 Dénes Kőnig 和 Jenő Egerváry 的工作，因此被称为匈牙利算法。匈牙利算法的核心是通过不断寻找**增广路**（ Augmenting Path ）来增加匹配中边的数量。在二分图中，在匹配中出现过的点和边被称为匹配顶点和匹配边；其余的顶点和边被称为非匹配顶点和非匹配边。

如图 10-3 所示，小李和过桥米线的 1 个订单被称为匹配顶点，小李和过桥米线之间的边被称为匹配边；同理，小张和肯德基的 1 个订单被称为匹配顶点，小张和肯德基之间的边被称为匹配边。其余的顶点和边均为非匹配顶点和非匹配边。

增广路指的是从非匹配顶点出发到非匹配顶点的、非匹配边和匹配边相互交替的奇数条边组成的路径，如图 10-4 所示。最简单的增广路就是两个非匹配顶点之间的一条边。值得注意的是，由于这两个顶点都是非匹配顶点，所以它们之间的边一定是非匹配边。

在找到一条增广路后，匈牙利算法将增广路中涉及的边进行反转，此时匹配边变为非匹配边，非匹配边变为匹配边——这样一来，匹配中的边数就增加了一，同时满足所有匹配的限制。当不再能找到任何增广路时，当前匹配就是最大匹配。

如图 10-5 所示，在进行匈牙利算法的反转后，小明和过桥米线中的 1 个订单形成匹配中的 1 条边，小李和奶茶中的 1 个订单形成匹配中的 1 条边，小张和肯德基中的 1 个订单形成匹配中的 1 条边——此时的二分图中形成 1 个匹配，这个匹配中有 3 条边，且在该二分图中，人们无法再找到任何增广路，因此该二分图的最大匹配为 3 条边。

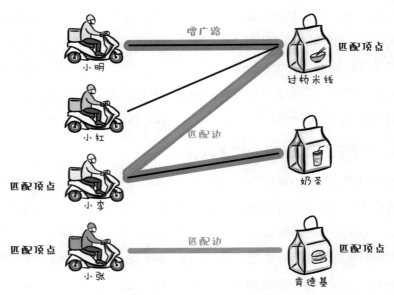

图 10-4 增广路举例，高亮的三条边形成了一个增广路

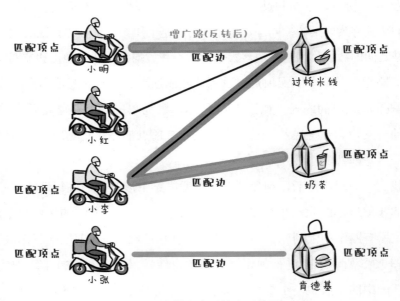

图 10-5 增广路反转之后的图

## ▶10.4 从最大匹配到最优匹配

最大匹配只能解决运力判定问题，但如何让配送变得更高效，则是最优匹配
需要考虑的问题。

虽然外卖平台派单的逻辑是要优化整体配送的效率，但何为整体配送的效率，对于不同的企业和平台而言可能意义各不相同。在最优匹配下，我们首先要对"整体配送的效率"进行定义。从节能减排的角度来说，可以将整体配送的效率定义为所有外卖员要行驶的路程总和。此时，二分图中的每条边就不是完全相同的了，二分图中的每条边会被赋上**权值（Weight）**，这类二分图又被称为带权二分图。在外派平台派单的情境下，二分图中每条具体的边的权值就等于该外卖员配送该外卖订单所需要行驶的时间，如图 10-6 所示。有了权值后，匹配便会存在效率代价，匹配中边的权值总和就是该匹配的效率代价。在外卖平台派单情境下的最优匹配，其实是在保证最大匹配的同时使效率代价最优的匹配，也就是二分图中**最小权最大匹配（Minimum Weighted Matching）**。当然，在另一些情境下，由于最优匹配的定义不同，最优匹配可能会是**最大权最大匹配（Maximum Weighted Matching）**。

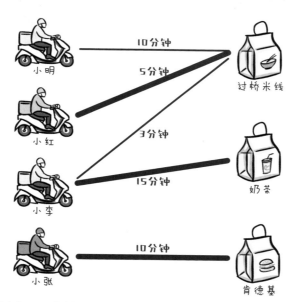

图 10-6 权值和最小权匹配的例子，加粗的边组成了最小权最大匹配。边上的数字表示配送时间

当然，这里的讨论都是基于一个外卖员只能配送一单外卖订单的假设进行的，如果抛开这个假设，一个外卖员可以配送多单外卖订单，有一个很显而易见的提高配送效率的方法——如图 10-7 所示，外卖平台可以先对外卖订单进行聚类，

把顺路的订单组合在一起，打包派单给外卖员，这样外卖员每次可以顺路配送多单外卖订单。

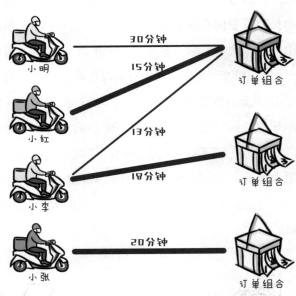

图 10-7　外卖员和打包好的订单，加粗的边组成了最小权最大匹配。边上的数字表示配送时间

这时，人们可以对外卖员与打包好的订单建立带权二分图，每一条边的权值等于该外卖员送完打包的订单的总里程，再对这个二分图求最佳匹配。

当然，实际外卖平台的优化过程是非常复杂的，如何将顺路的订单打包、如何预估未来一段时间内的订单分布、如何动态地改变订单打包的计划、如何优化派单等，都需要很复杂的优化算法。

小郦听得有些云里雾里，调侃道："老师不愧是老师啊，在哪里都能讲出一堆知识，我还从来没想过外卖平台派单里面包括这么多复杂的学问呢！"话音刚落，饿了么 App 上终于有人接单了，悬着的饭也有着落了！

# 第 11 章　旅行商问题：
# 怎样逛超市最省时间

　　商老师实验室的新生们已经来两三个月了，也开始渐渐熟悉美国的生活。在美国，居住区和购物区往往是分开规划和设计的，因此人们往往在周末的时候去各大超市进行统一的大采购，以备下周之需。

　　这天学生们在实验室里聊起来："周末的采购好累呀！不同的生活用品还要去不同的超市购买，比如大量采购水果、粮油、厕纸等去 Costco 比较划算；而采购有机食品或者一些高端食材去 Whole Food 比较划算；采购活鱼，还有中国特色的食品等则需要去华人超市；而一些日韩特色的食品又只有在对应的日韩超市里才能采购到。"学生们七嘴八舌地讨论："是呀，有时候一次大采购要去四五个超市，而且这些超市又不在一起，前往各个超市之间开车还要十来分钟。有时候采购完得花一天的时间。"

　　商老师此时刚好路过实验室，听到学生们你一言我一语地在聊天，他忍不住驻足并说道："你们都是计算机专业的学生，要不要从专业的角度出发，想想如何安排逛超市的顺序，从而能够省时省力呢？"

　　学生小叶说："我一般采购的时候会规划一下采购超市的顺序和路径，争取少走回头路。"

　　商老师点点头说："当超市个数较少的时候，我们可以通过简单的枚举法来解决。" 例如，总共需要前往 4 个超市采购，那么会存在一共 4！（4 的阶乘，即 4！=4×3×2×1）=16 种逛超市的顺序。如图 11-1 所示，不同的顺序会导致不同的路程和耗时。有的顺序显然是不优的，比如路径出现大量交叉或者走回头路时。当问题规模比较小的时候，人脑可以相对轻松地规划出最优路线。

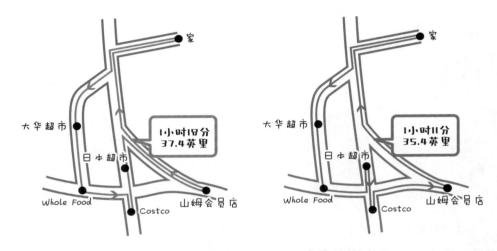

图 11-1　两种不同的逛超市顺序导致了不同的路程和时间

## ▶ 11.1　逛超市采购是一个旅行商问题

上述问题本质上是一个**旅行商问题**（Traveling Salesman Problem，TSP），有的地方又称之为**货郎担问题**。旅行商问题设定的场景是，有一个旅行商需要去不同的城市卖货，这个旅行商想在路上花费最少的时间，同时不走回头路，即同一个城市路过且仅路过一次，最后再回到出发城市。抽象来看，旅行商问题其实是在探讨"给定一系列城市和每座城市之间的距离，求解访问每一座城市一次并回到起始城市的最短回路"。满足这个条件的回路被称为**哈密顿回路**（Hamiltonian Circuit），哈密顿回路最早由爱尔兰的数学家和天文学家哈密顿提出。在图论中，哈密顿回路是指由指定的起点出发前往指定的终点时，途中经过所有其他节点一次且仅一次的路径。因此，旅行商问题的最优解被称为最短哈密顿回路。

当然，要优化整体的采购策略，除了优化访问超市的顺序，还应该考虑优化在同一个超市内的采购顺序，如图 11-2 所示。在同一个超市内，如果人们对货架的位置非常熟悉，也对采购的清单了然于胸，那么如何缩短在特定超市内的采购时间呢？这其实又可以归纳成一个旅行商问题。人们可以将需要访问的货架抽象类比为"城市"，货架与货架之间的距离抽象类比为"城市之间的距离"，同时再把超市入口和收银柜台作为起点和终点。这与经典旅行商问题的设定的区别在于，在超市采购的情境中，人们寻找的是一条有固定起点和终点的路径，而不是一个回路。因为在超市中，人们必须从指定入口进入，再从收银台结账离开。超市采购的情境和经典旅行商问题的设定虽然略有不同，但是两者的解题思路是相似的。

图 11-2 在超市购物时不同哈密顿路的比较

## ▶ 11.2 生活中的其他旅行商问题

生活中还有很多其他和旅行商问题相关的情境。最直接的一个生活实例就是物流——一个快递员如何安排多单快递的配送顺序，才能花最少的时间完成所有配送。还有一些热爱自驾旅行的人，可能见过一些环美自驾的线路图，这些线路图其实就是一个哈密顿回路。如图 11-3 所示，这是一幅在自驾圈很流行的环美自驾线路图，看似一幅很简单很直观的线路图，但这幅线路图的生成是依靠某位老师用遗传算法得到的环美自驾的较优解——如何用最少的时间自驾游遍美国本土的每一个州。这位老师把每一个州的代表性城市选取出来，作为旅行商问题中必须经过的城市，然后通过导航软件计算两两之间自驾所需时间，最后通过算法寻求一个较优的哈密顿回路。

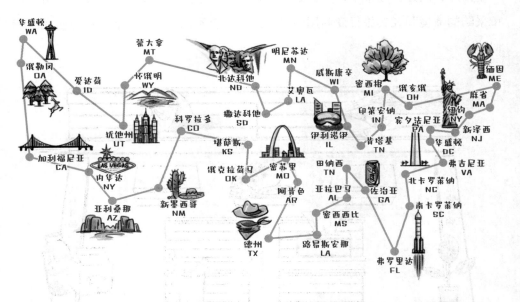

图 11-3　环美自驾的哈密顿回路，途径美国本土几乎每个州一个景点城市（过且仅过一次）

为什么这里称这个环美线路为较优解而非最优解呢？因为这个问题情境下的旅行商问题是非常复杂的，最优解的找寻极为不易。环美自驾的问题涉及美国本土 48 个州，也就意味着该旅行商问题有 48 座城市作为顶点，而简单的枚举法在顶点数超过 10 之后就会显得乏力，10 的阶乘就已经高达 10!= 3 628 800，也就是说在有 10 座城市时，就存在三百多万个不同的路径方案，枚举法根本无法比较这种大规模的数据，更不要提涉及 48 座城市的路径方案比较了。

## ▶ 11.3　旅行商问题极具复杂性

旅行商问题是否存在比枚举法更高效的算法呢？要回答这个问题，首先就不得不提**计算复杂性理论**（**Computational Complexity Theory**）。在计算复杂性理论中很重要的一部分内容就是将不同的问题按照已知最优解法的计算复杂性进行归类。

从计算复杂性理论的角度来说，旅行商问题属于一大类比较难解决的 **NP 完全（NP-Complete）问题** 的范畴。除旅行商问题外，经典的 NP 完全问题还有满足性（Satisfiability，SAT）问题、背包（Knapsack）问题、独立集（Independent Set）问题、图染色（Graph Coloring）问题，等等。这里的每一个问题如果展开讲解，都值得单列一章，因此这里不作详细介绍，有兴趣的读者可以根据这些关键词进行搜索。这些问题之所以被列入同一个计算复杂性的大类，是因为理论计算机科学家们已经证明了它们之间可以非常高效地相互 **规约（Reduction）**。规约在计算机复杂理论里指的是一个问题被转化为另一个问题的过程。因此，如果可以对任意一个 NP 完全问题找到对应的高效的算法，其他 NP 完全问题均可以迎刃而解。

除了更高效的算法，解决 NP 完全问题的另一个途径是设计新一代的计算机。NP-Complete 的全称是 Nondeterministic Polynomial-time Complete。这里的 Nondeterministic 指的是 **非确定性图灵机（Nondeterministic Turing Machine）**。现代计算机都可以被看作一个 **确定性图灵机（Deterministic Turing Machine）**。由于其确定性，每次只能枚举一种情况并进行计算和验证。而非确定性图灵机可以同时进行多个不同的计算操作，从而达到在多项式时间内完成指数级别的枚举量的效果。多项式时间指的是，计算所需的时间随输入规模增大呈多项式级别的增长，这比指数级别增长慢非常多。因此，如果计算机科学家们能设计出非确定性图灵机模式的计算机，则所有 NP 完全问题将会有非常高效的解决方案。截至目前，非确定性图灵机尚未有里程碑式的进展。目前，火热的量子计算机（Quantum Computer）与非确定性图灵机存在一定的相似度，但就目前的研究结果来看，量子计算机虽然可以加速 NP 完全问题的解法，却并不能等价于非确定性图灵机。

所以，暂时没有高效的算法可以针对 NP 完全问题给出最优解。NP 完全问题的已知最优解本质上均为指数级的枚举法。

那么，是否可以退而求其次，高效地得到 NP 完全问题的较优解呢？在计算机科学中，这种退而求其次的解决方案被称为 **近似算法（Approximation Algorithm）**。在通常情况下，近似算法可以保证其找到的解和最优解的差距不会超过一定的比例。计算机科学家已经针对旅行商问题的近似算法做了长达数十年的研究。目前为止，最先进的近似算法可以在超大规模的旅行商问题中（例如设计几百万座城市的路径方案比较）以非常高的概率，得到一个最大化逼近最优解的较优解。

## ▶ 11.4　旅行商问题的近似算法

在旅行商问题中，一个常见的近似算法是基于**贪心算法**（**Greedy Algorithm**）的。如图 11-4 所示，贪心算法的本质是每一步都选取当前最优解。生活的经验告诉我们，当前的局部最优的，未必是长期来看最优的。在计算机科学中也是一样的，贪心算法往往不能保证其全局最优。在旅行商问题中，贪心算法会从起点出发，每一次找一个没有被访问过的、离当前城市最近的城市作为下一个目的地。这个贪心算法通常被称为**最近邻法**（**Nearest Neighbor**）。这个算法的优点是效率很高，可以在不需要额外调整的情况下，一次性构造出整条路径。但这个算法由于每次都是从局部出发进行考虑的，缺点则是得到的解往往会和最优解之间有 25% 以上的差值。

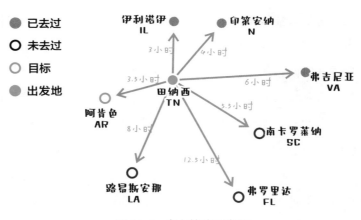

图 11-4　贪心算法示意图

另一个常见的近似算法是**随机调整法**（**k-opt**），如图 11-5 所示，即每次删除当前较优解中的 $k$ 条不相邻的边，然后将所得到的 $k$ 个路径段重排，找到一个更优的解。这里的 $k$ 通常取 2 或者 3，因为这样重排的计算量会非常小。使用这种方法通常可以在实际应用中取得非常好的效果。

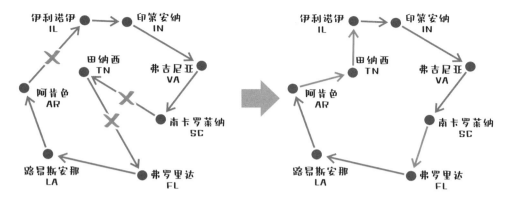

图 11-5　随机调整法示意图。$k$ 个路径可以随意重排来得到更优的解。只需要关注段与段之间连接处的距离即可。这个例子中 $k=3$

听完商老师的"实验室小课堂"，小叶摩拳擦掌道："今晚回家我就来计算计算这个逛超市的旅行商问题，说不定以后我每个周六只要花半天时间就能完成采购啦！"

第 **3** 篇

# 生活中的数据科学

 # 第 12 章　数据标注：
# 验证码里的大生意

　　有时候赵律师对商老师的工作有一些误解——赵律师总以为人工智能可以被很容易地实现并被普及到生活的各个方面。因此，商老师常常被赵律师的一些要求弄得哭笑不得。比如当赵律师审理合同累了的时候，赵律师会问商老师："你能不能现在训练一个人工智能模型帮我审理合同呀？"再比如赵律师被宝宝哭闹弄得精疲力尽的时候，赵律师会问商老师："你能不能现在训练一个人工智能模型，帮我分析宝宝为什么哭和对应的需求呀？"

　　商老师往往只能回复道："可以是可以，但是一天两天是没有办法做到的。"

　　赵律师往往对这个回答嗤之以鼻。于是商老师只能耐心解释："把一个人工智能模型训练到可以去审理合同的程度，这个难度丝毫不亚于'训练'一个婴幼儿去识字，而且我们首先需要花大量的力气去进行人工数据标注，要不没有训练数据，怎么去训练人工智能模型呢？"

## ▶ 12.1　训练数据通常需要人工数据标注

　　什么是人工数据标注呢？顾名思义，人工数据标注就是人为地对数据进行标记。

　　这里需要提到两个概念：**原始数据（Raw Data）和标注数据（Label Data）**。

如图 12-1 所示，原始数据的类别有很多，比如文本数据、图片数据、视频数据等。原始数据是很难直接被大部分人工智能模型理解并学习的。科研人员需要对原始数据添加一些有意义的信息标签，从而使人工智能模型能够理解和学习这些信息。这部分在原始数据上添加的标签就是标注数据。

图 12-1　训练数据：原始数据和标注数据。三个例子：物品识别、车牌识别、垃圾邮件识别

　　原始数据和标注数据加在一起便是人们常常耳闻的**训练数据**。从原始数据到标注数据的过程就是**数据标注**。现阶段，数据标注主要是靠人为力量实现的。对原始数据进行标注，是一个耗时耗力的过程。在人工智能的领域里，一直流传着一句话"没有人工，哪来智能？"这句话其实反映了人工数据标注对于人工智能模型训练的重要性。

　　下面我们通过三个例子让原始数据、标注数据和人工数据标注这些概念更加具体化。

- 在电子邮件分类的场景下，科研人员需要大量的训练数据教会垃圾邮件检测模型识别什么样的邮件是正常邮件、什么样的邮件是垃圾邮件。在这里，原始数据便是一封封具体的邮件，标注数据则是，一个正常思维的收件人在阅读这些具体邮件后是否会将它们判定为垃圾邮件的决定。

- 在人脸识别的场景下，科研人员需要丰富的训练数据教会人脸识别模型去判断一张照片里人脸的位置、人脸的轮廓等。在这里，原始数据便是一张张具体的人脸照片，标注数据则是照片上人脸区域对应的多边形。

- 在车牌自动识别的场景下，科研人员需要大规模的训练数据教会车牌识别模型去识别车牌存在于照片中的方位、车牌号码上字母和数字的构成。在这里，原始数据便是一张张具体的车牌照片，标注数据则为人们通过观察照片后看到的车牌号码。

## ▶12.2  先有训练数据，才有人工智能模型

那么，人工智能模型到底是怎么训练的？训练数据在训练中又扮演了一个怎样的角色呢？其实，这个"训练"的过程和人们养育孩子的过程有很多相似之处。

我们以教小朋友识别物品为例。众所周知，如果一个小朋友从来没有见过苹果，或者见过苹果但从没有人告诉他这个物品叫苹果，他是没有办法在下一次见到苹果时识别出这个物品是苹果的。同样地，为了让人工智能模型能够识别苹果，科研人员需要给人工智能模型提供大量不同的物品（包括苹果）的图片，并且告诉人工智能模型每一张图片中的物品是什么，以便让人工智能模型了解到不同物品的特征，从而使得人工智能模型在实际应用场景中遇到苹果时，可以精准地识别到苹果。

人工智能模型的"训练"，本质上是让算法模型将一个输入和一个输出建立一个映射关系，如图 12-2 所示。小朋友的认知学习，其实也是在建立输入和输出的映射关系。人们常常可以看到父母拿着画有苹果的卡片告诉小朋友："这个是苹果"，拿着画有橘子的卡片告诉小朋友："这个是橘子"，等等。经过反复的教学，等到小朋友渐渐长大会说话时，当父母再拿着画着不同物品的卡片问小朋友这是什么的时候，小朋友便能跟父母进行互动，回答出物品的名称，比如"这个是苹果""这个是橘子"。如果把小朋友看作一个在训练中的"人工智能模型"，小朋友获得的训练数据包括原始数据（如画有苹果的卡片）和标注数据（父母告诉小朋友"这个是苹果"）。小朋友的认识过程就是要学会将画有苹果的卡片和"苹果"对应起来。同理，人工智能模型"训练"的最终目的是让人工智能模型能够将原始数据的输入和标注数据的输出联系起来。

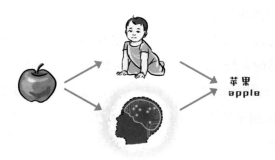

图 12-2  训练人工智能模型本质上是在建立一个输入到输出的映射关系

现阶段，针对一个特定任务来搭建一个实用的人工智能模型，总地来说需要三个阶段：

（1）首先科研人员需要收集大量的原始数据，然后依靠大量人工来标注这些数据，得到（高质量的）标注数据和训练数据。

（2）接着决定使用什么人工智能模型，然后在训练数据上将人工智能模型进行训练、迭代优化和更新。

（3）最后将训练好的人工智能模型投入实际的应用场景中。

## ▶12.3　训练数据的质量与数量都很重要

显而易见，如果没有训练数据，科研人员们很难创造出精确的、智能的人工智能模型。并且，训练数据的质量会直接影响到人工智能模型的质量。然而，人工数据标注的过程其实是非常枯燥且费时的，高质量的标注需要很多的努力。通常情况下，以下两个对于标注者的要求是必不可少的：

- 数据标注的过程需要每个标注者都对原始数据有很好的理解。比如标注垃圾邮件时，需要标注者具备对应的语言能力，且能够准确理解邮件的内容。那么中文邮件的标注就需要懂中文的标注者，英文邮件的标注就需要懂英文的标注者。

- 每个标注者都要尽自己最大的努力去完成"最正确"的标注，以保证标注数据的质量。因此，通常情况下，训练数据的标注需要几个不同的标注者在同一个原始数据的标注上达成一定的共识。比如当某些车牌的照片比较模糊的时候，不同的标注者可能会给出截然不同的数字和字母。这时就需要有多个标注者对同一张图片进行标注以进行交叉验证。

同时，人工智能模型的学习是建立在大规模的训练数据的基础上的。训练数据越多、质量越高，所训练出来的人工智能模型的准确性和可调用性也就越好。识别一个物体是否为苹果，对于人类来说可能是理所当然且轻而易举的，好像人类随意用眼睛一瞥就能知道，但这背后其实有人类的眼睛、大脑、中枢神经等各种机能的参与。所以，能完成这些任务的人工智能模型往往是很复杂、庞大的。训练这些人工智能模型往往需要海量的数据（比如通过100万张标注的图片来认识不同的物体，如苹果、熊猫等），如图12-3所示。即使我们考虑最基本的人工数据标注，一个标注者需要 5 秒来标注一个原始数据，那么 100 万张图片的整个标注过程也需要耗费 500 万秒，也就是近 60 天。然而，在实际的人工智能模型的学习中，有一些人工数据标注是非常复杂的，还有一些人工数据标注需要多名标注者参与，因此实际上，整个人工数据标注的过程是非常耗时耗力的。

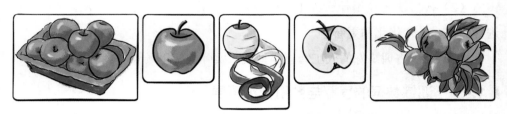

图 12-3　为了让人工智能模型认识不同形态的苹果，我们就需要为其提供很多丰富多彩的训练数据

这也是为什么网络上有一些标注平台专门致力于人工数据标注，比如亚马逊旗下的 Mechanical Turk。通常情况下，科研人员可以把要标注的原始数据上传到这个标注平台上，对标注人员的资质提一些基本要求，并对数据标注服务定价。标注人员可以在相应的平台上搜索自己感兴趣的、符合资格要求的标注任务，并进行标注，获得标注服务费。但是标注平台上的人水平参差不齐，且平台缺少强有力的质量管控，这就会存在有的标注人员为了赚钱，标注的过程比较随意，导致最后的标注数据质量不够高的情况。这也是大部分大公司都会有自己的数据标注团队，并专门聘请专职的标注人员进行数据标注的原因。通过将标注人员的绩效考核和标注质量挂钩，这些公司可以有效地管控训练数据的质量。当然，这种标注的成本无疑是比较高的。

除了专门聘请标注员进行付费标注之外，还有没有什么更好的办法既能控制标注数据的成本又能保证标注数据的质量呢？

还真的有一个办法，就是通过验证码。

## ▶12.4　巧妙使用验证码来进行数据标注

在上网冲浪时，许多用户都被要求过填写验证码。验证码的形式各有不同：有的验证码是要求用户识别图片中的数字和字母；有的验证码是要求用户选择图片里所有的红绿灯标志；有的验证码是要求用户按顺序点击几个汉字。验证码的本意是让用户证明自己是一个有常识的人，而不是一个机器人，从而证明网络请求是真人发送的，这对网络安全有重大的意义。验证码通常都是一些常识性的问题，这就决定了用户应该对原始数据具备较好的理解力；并且为了证明自己不是机器人以满足网站的验证要求并进入网站的下一个界面，用户有非常好的动机去准确完成标注。这两条又刚好满足了高质量标注对标注者的要求。那么我们是否可以让用户在填写验证码的同时，来完成一些标注呢？

实际上是可以的，并且在过去很长的一段时间里，有一些公司也是这么做的。

目前全世界范围内，应用最广的验证码系统是 **reCAPTCHA**（Completely Automated Public Turing Test To Tell Computers and Humans Apart），英文直接翻译过来为：一个用于区分人机的全自动图灵测试系统。图灵测试是指区分人和机器人的测试。reCAPTCHA 系统是由 reCAPTCHA 这家公司研发的，reCAPTCHA 公司在 2009 年被 Google 收购，并在 Google 的推动下成为了承担世界上大部分网络的人机验证工作的系统。

reCAPTCHA 的验证码系统大致经历了以下几个发展阶段：

（1）初期的验证码系统主要为字母和数字的识别。此时该验证码系统在人机验证的同时，主要为纽约时报的电子化服务提供数据标注。通过验证码系统为图片转文字（即光学字符识别，Optical Character Recognition，OCR）积累标注。

（2）2012 年，该验证码系统加入了 Google 街景里的门牌号。此时该验证码系统在人机验证的同时，也为用机器学习来识别街景积累了标注。

（3）此后，该验证码系统加入了图片识别，比如要求用户识别哪些图片包含红绿灯，哪些图片包含苹果。此时该验证码系统在人机验证的同时，也为机器的图像识别积累了标注。

（4）再之后，该验证码系统加入了单词听写的验证模式。该模式通常会给用户一段音频，然后要求用户填写音频对应的单词。此时该验证码系统在人机验证的同时，也为机器的语音识别积累了标注。

在这些验证码系统下，用户通常会被提供多个原始数据并被要求选择相应的标注数据。如图 12-4 所示，在图片识别时，用户可能会被提供随机的 9 张图片，其中有 6 张图片里显示了苹果，其余 3 张图片里显示了其他的水果。用户在进行验证的时候，基于自身的验证需求，会尽可能地将这 6 张显示苹果的图片都识别

出来。其实，在验证码系统内部，可能已经对 4 张图片进行了人工标注，且验证
码系统已知该图片显示了苹果。如果用户的点击和系统已知的 4 张是苹果的图片
吻合，那么验证码系统就会通过用户的验证；此时，用户额外识别的 2 张图片就
为验证码系统积累了人工标注。当验证码系统对于同一个原始数据收集了足够多
的用户的标注后，可以通过一些额外的审查和人工抽查来检验这些标注，并更新
和扩大验证码系统之前已知的标注数据。

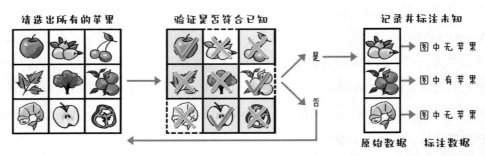

图 12-4    如何利用验证码标注数据？在一次展示出来的 9 张图中，可能只有 6 张图是已知
准确答案的

利用验证码进数据标注的积累，其实在伦理上是存在一定瑕疵的——用户
在进行人机验证的同时，并没有被及时、全面且有效地告知自己的人机验证行
为会被用到数据标注和积累上。此前，也有一些用户认为 reCAPTCHA 的验证
码系统免费利用了用户的人机验证行为，这是不道德的。另外，也有很多用户
抱怨验证码过于复杂，降低了用户上网的体验。基于这两点考量，reCAPTCHA
设计和推出了人们现在看到的人机验证，历史上五花八门的验证码也逐渐退出
历史舞台。

因此，现在的验证码系统大部分都是以简化用户操作、提升用户体验而
设计的，免费利用验证码进行标注数据的事情已经基本成为过去式了。最新的
reCAPTCHA 验证码主要是通过一个鼠标点击框实现的，只要用户点击鼠标点击
框里的"I am not a robot"就能实现人机验证。这种验证是通过追踪用户的使用
环境、键盘以及鼠标的运动轨迹来实现的。只有当这一步验证不通过的时候，才
会触发传统的 reCAPTCHA 验证码。

那么再回到赵律师给商老师布置的研究任务，要想设计出赵律师设想中的合
同审核模型，商老师需要有大量的合同以及"哪些条款构成合同的风险条款"的

训练数据；要想设计出赵律师设想中的婴儿哭声分析模型，商老师需要有大量的婴儿啼哭声以及啼哭声对应的原因和需求的训练数据。如果没有这些训练数据，再聪明的人工智能科研人员也无法设计和训练出实用的人工智能模型。

商老师跟赵律师开玩笑道："罗马不是一日建成的，要设计出你想要的人工智能模型，恐怕你得先投入比现在百倍千倍的精力帮我人工标注数据呢。"

# 第 13 章 数据库：抢火车票的背后发生了什么

春节到了，又到了家人团聚、其乐融融时。商老师这天去叔叔家拜年，看着大家都挺开心，只有堂妹愁眉苦脸。商老师问堂妹："有什么烦心的事吗？一脸不高兴。"

堂妹抱怨道："第一年参与春运，没想到火车票这么难抢，我回北京的火车票还没有抢到！"商老师的堂妹今年刚刚大学毕业，留在北京工作了。今年是她第一年参与春运。

商老师拍了拍堂妹的肩膀："哎呀，我以为多大的事儿呢。要不我们先来聊聊你抢火车票的背后发生了什么事吧。正好也帮你转移一下注意力。"

堂妹愤愤然地说："那太好了，知己知彼，才能百战百胜！"

从计算机科学的角度来看，任何一个订票平台的背后，都少不了**数据库**（Database）的影子。数据库的字面意思，就是数据的仓库。数据库之所以被称为"仓库"，是因为其囊括的数据量或者说数据的操作量非常大。如果把这些数据看作粮食，数据库就好比一个大粮仓，在这个大粮仓里存储了不计其数的米粒或麦粒。

数据库是计算机科学中的一个重要研究领域，主要研究如何使数据的存取和修改更高效，以及如何更好地处理并发的数据请求等问题。

## ▶13.1　关系数据库：最经典的数据库

有一种最常见、最经典的数据库叫作**关系数据库**（Relational Database），于 20 世纪 70 年代被提出，并在之后得到不同学者的进一步研究和发展。目前，比较流行的关系数据库查询语言叫作 Structured Query Language（SQL）。常见的 SQL 数据库包括微软公司的 SQL Server、甲骨文公司的 Oracle、天睿公司的 Teradata、开源（开源指的是按照某一协议公开代码）的 MySQL 等。

在关系数据库中，所有的数据都以表单的形式呈现。

如图 13-1 所示，在关系数据库下的**表单**（Table）中，每一**行**（Row）标记一个数据，每一**列**（Column）标记一个数据的属性（Attribute）值。整个表单代表数据之间的一组**关系**（Relation）。这里的关系特指不同属性之间的对应关系。通常来说，在一个表单中会有一个或几个属性，是行与行之间互不相同的，这些独特的属性被称为**主键**（Primary Key），可以用来区分不同的数据。这些表单乍一看和人们熟悉的 Excel 表格类似，其实 Excel 表格可以被看作一个轻量级的数据库。

| 车次 | 类型 | 始发站 | 发车时间 | 终点站 | 到站时间 |
|---|---|---|---|---|---|
| 1227 | 普快 | 阜新南 | 16:34 | 上海 | 18:13 |
| 1228 | 普快 | 上海 | 20:08 | 阜新南 | 23:05 |
| C3801 | 动车 | 上海 | 05:55 | 南通 | 0731 |
| C3802 | 动车 | 南京 | 06:03 | 上海 | 09:56 |

图 13-1　数据库表单举例，"行（Row）"和"列（Column）"概念示意图

以火车票为例，平台背后的数据库里存储的便是一张张火车票的信息。如图 13-2 所示，每一张火车票就是一个数据，每一张火车票都有自己唯一的票号，这个票号便是这个表单中的主键，可以用来区分不同的火车票。每一张火车票还带有许多信息，例如车票号、车次、类型、发车日期、始发站、发车时间、终点站、到站时间等。这些信息组成了表中的不同属性。

用户在平台上查询某一日期从一个车站到另一个车站是否还有票的过程，实际上是在这个表中进行**查询**（Query）。查询的过程在平台的后台进行，不会

| 主键 | | | | | | | |
|---|---|---|---|---|---|---|---|
| 车票号 | 车次 | 类型 | 发车日期 | 始发站 | 发车时间 | 终点站 | 到站时间 |
| N7865223 | 1227 | 普快 | 2022-12-27 | 阜新南 | 16：34 | 上海 | 18：13 |
| U028534 | 1228 | 普快 | 2022-12-28 | 上海 | 20：08 | 阜新南 | 23：05 |
| B031209 | C3801 | 动车 | 2023-03-08 | 上海 | 05：55 | 南通 | 07：31 |
| R093443 | C3802 | 动车 | 2023-03-08 | 南京 | 06：03 | 上海 | 09：56 |

图 13-2 火车票例子的表单图，车票号可以作为主键

在用户面前显示出来。最简单、直接的查询方式是遍历（即挨个检查）这个表单中的每一个数据，然后将其与用户输入的查询信息进行对比，以找到满足用户条件的火车票，并统计剩余票数，最终呈现给用户。对于小规模的数据库，这种简单、直接的查询方式尚为可行，但是对于春运期间的火车票查询，这种方法几乎不可能实现——想想中国之大，火车之多，用户查询之频繁，这种查询方式会极其缓慢。

## ▶13.2 索引：为了更高效的数据库查询

为了提高查询效率，关系数据库通常会对常见的查询建立**索引（Index）**，有两种常见索引方法：

- 最常见的索引是针对某些关键属性建立一个**倒查表（Inverted Table）**。倒查表，顾名思义，就是给定属性对应的值时，可以迅速地返回有哪些行的该属性值刚好等于这个值。倒查表可以理解成平时学生们为考试准备所做的"翻译手册"，使得在需要特定信息时可以快速找到相关的知识点，而倒查表则会列出常见的属性查询关系。例如通过始发站和终点站来查询有哪些符合条件的列车编号（如图13-3左图所示）。

- 符合条件的另一种常见的索引方法是对某一个关键属性进行排序，这样在需要查找特定值时，可以运用**二分查找法（Binary Search）**迅速定位相关的行的范围。以机场场景为例（如图13-3右图所示），因为机场的值机柜台处的航班信息按起飞时间排序，所以人们在达机场后寻找对应的值机柜台时，可以先查看中间的屏幕，通过与自己航班起飞时间的对比，判断航班是否在这块屏幕上显示；如果航班不在这块屏幕上，则比

该屏幕上显示的航班起飞时间更早的航班会在屏幕的左边显示，比该屏幕上显示的航班起飞时间更晚的航班会在屏幕的右边显示。

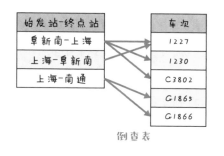

图 13-3　倒查表和排序索引的示意图

在火车票的情境下，一旦平台的数据库建立了索引，余票查询就可以被快速地锁定到较小的范围内。此时，查询不再需要遍历整个表单的全部数据，只需要根据用户输入的特定日期、特定时间和特定车站进行查询，然后对火车票是否已售出等相关属性进行整合计算。这个过程类似于人们在 Excel 表格中利用筛选功能查询数据，如图 13-4 所示。实际上，Excel 表中的筛选功能也是基于数据的属性来实现的。

| 车票号 | 车次 | 类型 | 发车日期 ▼ | 始发站 | 发车时间 | 终点站 | 到站时间 |
|---|---|---|---|---|---|---|---|
| N7865223 | 1227 | 普快 | | | 16：34 | 上海 | 18：13 |
| U028534 | 1228 | 普快 | | | 20：08 | 阜新南 | 23：05 |
| B031209 | C3801 | 动车 | | | 05：55 | 南通 | 07：31 |
| R093443 | C3802 | 动车 | | | 06：03 | 上海 | 09：56 |

升序
降序
按颜色排序
搜索 🔍
☐ 全选
☑ 2022-12-27
☑ 2022-12-28
☐ 2023-03-08
☐ 2023-03-08
确定　取消

图 13-4　Excel 表格中的筛选功能

## ▶ 13.3　多表单数据库：提高整体查询效率

对于许多购票平台来说，因为数据量过大，所有数据不可能只存储在一个表单中。如果将如此大体量的数据都存储在一张表单中，难免会出现属性冗余的问题。以火车票为例，同一列车在同一个车站的不同日期的预计发车时间应该都是相同的，因此没有必要在表单存储该趟列车的每一个日期的发车时间。表单的冗余数据越多，查询和操作该表单的耗时就会越长。

关系数据库的一个重要功能是通过不同表单中相同的属性值进行**连接**（**Join**）。有了连接操作的支持，一个庞大的表单就可以被分为多个小表单，从而减少属性冗余的问题。如图13-5所示，仍以火车票为例，在设计数据库时，平台可以在火车票的表单中省略发车时间，然后将列车的发车时刻信息单独存储在另外一个表单中。当一个余票查询操作发生时，数据库可以先通过发车时刻表找到符合查询条件的列车编号，然后通过连接操作，从火车票的表单中查询出与这些列车编号相关的火车票。这样，平台的每一步查询操作涉及的表单规模都会较小，从而提高整体查询效率。

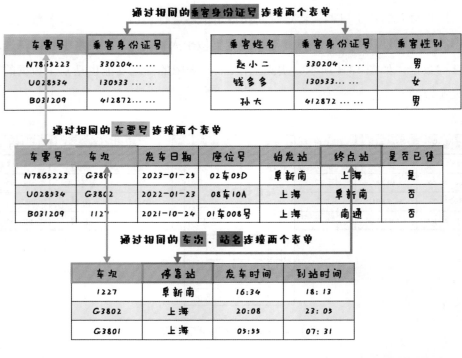

图13-5　火车票大表单分解为小表单之后，各表单之间可能的连接操作示意图

堂妹听到这里不禁感慨："原来买张票背后会牵扯这么复杂的事情，我之前从没考虑过这些。但是为什么我抢票时明明看到还有余票，点进去却没有了呢？"

　　商老师回答道："这就让我们不得不聊一聊**并发**（Concurrency）和**高并发**（**High Concurrency**）了。"

## ▶ 13.4　数据库中的并发与锁：为什么查到有票却买不到

　　在高并发的情况下，数据库很难做到实时查询。在计算机科学中，并发指的是多个计算同时进行，并且存在潜在交互。高并发指的是在很短的一段时间内有非常多同时进行的计算。在购买火车票的情境下，并发是指平台中多个用户同时进行多个操作，例如查询余票、订票和退票等。在春运期间，有很多用户在购票平台购票，这会触发平台系统的高并发。在高并发的情况下，数据库中的表单会不断地更新，例如余票数量是实时变化的，因此表单也会实时更新。在这种情况下，如果要保证查询结果是实时的，就不得不设置查询的顺序，从而增加用户的等待时间 —— 如果有多个用户购买同一班列车、同一个始发站和终点站且特定时间的火车票，那么用户的操作必须按照某一种顺序执行，即用户 A 查询并购买火车票后，表单的数据基于用户 A 的购买情况进行更新，然后才能允许用户 B 查询和购票。这种查询顺序和等待显然是不现实的，尤其在存在几十个甚至上百个用户的情况下。所以在通常情况下，平台会允许用户同时在平台进行查询操作，并让数据库根据当前的表单返回查询结果，同时在后台处理用户的订票操作。这样一来，查询和订票是两个相对独立的步骤，用户的查询和订票之间不再存在等待关系，从而使系统能更快地响应用户的请求。

　　堂妹此刻发问："那么平台允许用户同时操作，平台后台的数据库如何确保一张票不会同时卖给两个用户呢？"

　　商老师赞许道："你问得真好。这就涉及一个新的概念——**锁**（Lock）。"

　　锁是并发系统中的一个很重要的概念。每个计算任务都需要一定的资源，比如内存上某一段地址、中央处理器（CPU）的某个核心等。不同的计算任务可能需要使用同样的一个或者多个资源，这时就需要设计一个同步机制，来让不同的计算任务之间可以协调资源使用的顺序，避免发生冲突。锁就是在这种需求下应运而生的。锁的作用是用来约束资源使用和访问的同步机制。形象地说，如图 13-6 所示，当系统需要对某个有潜在冲突的资源进行调用时（比如给一个用户订一张票），就需要先对这个资源（在本例中就是火车票）上锁。一旦这个资源被上锁了，其他用户再向系统请求访问这个资源时，就会被系统拒绝。这也是为什么即使在大家都看到了还有余票的情况下，有的用户可以买到火车票，而有的用户买不到火车票。

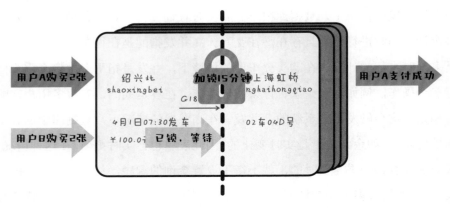

图 13-6　锁的示意图

通常情况下，为了避免锁被滥用，锁会存在一个时间限制——比如在用户抢到火车票后，必须在指定的时间内完成支付；如果没能在指定的时间内完成支付，则这个锁会被系统解开，此时火车票又可以被其他用户购买了。

## ▶13.5　为什么购物平台往往比购票平台更高效

堂妹听到这里，忍不住发问道："那为什么火车票还这么难抢呢？之前'双十一'时的秒杀商品也有很多人一起抢购，可是为什么我下单的过程都还比较顺利呢？"

商老师回答："购物平台和购票平台的场景不同，你这样比较两者不是很公平哦。"

在购票平台上，特定日期、时间、始发站和终点站的火车往往只有一班，这使得很多用户的购票目标是唯一的，因此会有非常多的用户在该趟火车的火车票已经售罄后，继续不断地刷新平台进行查询。余票查询有一定延迟，订票操作之间也需要处理很多锁，因此购票平台上一般会有更多的资源等待带来的额外开销。对于购物平台来说，虽然在"双十一"时用户的数量规模也很庞大，但是商品和店铺的数量规模也不小，可以比较有效地分散用户的查询和订单操作，减少高并发时的资源等待限制。此外，购物平台的数据库通常只需要更新库存数据，而购票平台的数据库需要更新余票数量、座位号、车厢号、上下铺等数据。最后，购物平台的商品售罄后，很少会有用户还不断地刷新平台进行查询，但是购票平台上的用户反复刷新和查询是常见现象。

堂妹摩拳擦掌，再次打开手机里的购票平台："嘿，你正好提醒我该继续刷票了。学习了这么多理论知识，我相信这次一定能成功买到回北京的火车票！"

# 第 14 章　大数据：
# 啤酒和尿布为什么要摆放在一起售卖

　　这天，商老师的母校邀请商老师给中学生们做一个有关数据科学的讲座。商老师在讲座的开始提问："在座的同学有人知道什么是大数据吗？生活中有没有一些和大数据相关的例子？"

　　听众席里有一位学生举手回答道："我听说过啤酒和尿布的故事，沃尔玛超市就是利用大数据分析，把啤酒和尿布放在一起，从而增加两者的销量。"

　　商老师点点头肯定道："不错，啤酒和尿布的故事是一个非常经典的数据挖掘案例。"

　　**数据挖掘**（**Data Mining**）是一个比较宽泛的概念，主要指的是从（海量）数据中找到一些规律和有用的结论的一类计算方法，通常涉及统计、机器学习、数据库等技术。数据挖掘最早是从数据库中衍生出来的。数据库最初的一个很重要的运用场景就是超市的销售数据库的分析。

　　啤酒和尿布的故事是指数据科学家在分析沃尔玛超市的购物数据时发现，每周五的晚上，啤酒和尿布的销量总是呈现正相关。这是因为，当夜深人静的时候，爸爸妈妈发现小宝宝的尿布用完了，就连忙派爸爸去超市采购尿布。爸爸在采购之余，就顺手给自己买一打啤酒，可以周末在家看球赛的时候喝。于是，沃尔玛超市便将啤酒和尿布这两样看似毫不相关的物品摆放在一起，进行捆绑销售，这样两者的销售量都会比单独摆放要高很多。

像这样通过消费者的购物数据进行分析，挖掘不同物品之间的联系，其实就是数据分析的一个重要运用场景。这种分析方法也被形象地称为"购物篮分析法"。

在啤酒和尿布的故事中，涉及数据科学的两个主要概念：**频繁模式**（Frequent Pattern）和关联规则（Association Rule）。

## ▶14.1　频繁模式：看两种物品同时出现的频率

**频繁模式**主要关注某些数据同时出现的频率，如果某些数据（比如啤酒、尿布和牛奶）同时出现的频率达到某一阈值，则这些数据之间会被认定存在频繁模式。这个阈值有两种设置方法：①使用绝对数值，比如某些数据必须同时出现超过 10 次。在这种情况下，这个阈值就被称为 minimum support。②使用相对比例，比如某些数据必须同时出现超过 10%。在这种情况下，这个阈值就被称为 relative minimum support。

以消费者的购物篮为分析对象，如图 14-1 所示，频繁模式会关注啤酒和尿布在所有消费者的购物篮里共同出现了多少次，用数学符号可以表达为 $F(\{$啤酒，尿布$\})$。这里 $F$ 表示频率（Frequency），$\{\}$ 符号表示集合，且该集合里元素的是顺序无关的。以图 14-1 的购物篮数据为例，$F(\{$啤酒$\}) = 3$，$F(\{$尿布$\}) = 4$，$F(\{$啤酒，尿布$\}) = 3$。如果 minimum support 被设置为 3，则 $\{$啤酒$\}$、$\{$尿布$\}$、$\{$啤酒、尿布$\}$ 均为频繁模式。

图 14-1　消费者的购物篮数据举例

频繁模式存在一个弊端——在分析购物篮数据时，频繁模式只考虑了不同物品共同出现的频率，但没有考虑每一个物品本身的受欢迎程度。比如，绝大部分人去超市可能都会买一盒鸡蛋，那么鸡蛋和其他任何商品共同出现的频率都会比较高，但这并不代表鸡蛋和所有商品都有很强的关联性。此时，数据分析就需要考虑关联规则。

## ▶14.2 关联规则：用户购买 A 了，还有多大概率购买 B

**关联规则**是以量化的方式探索某一数据出现的情况，会有多大概率影响另一数据的出现。如果这个概率达到一定的阈值，则这两组数据之间被认定存在关联规则。还是以购物篮为例，关联规则探索是在已知用户购买某些商品时，用户有多大的概率会购买其他商品。举一个最简单的例子，如果已知用户购买面包时，该用户有多大概率会同时购买巧克力酱？这个问题可以表示为 $P($巧克力酱$|$面包$)$，这是概率论中常见的表示方法，$P$ 表示概率（Probability），符号 $|$ 后面表示已知条件。这类概率问题是有已知条件的，因此这类概率问题也被称为**条件概率**。条件概率是可以通过频率推导出来的，即巧克力酱和面包同时出现的频率除以面包单独出现的频率，便可以了解到在已知用户购买面包时，该用户有多大概率会同时购买巧克力酱。这一过程用数学语言可以表示为

$$P(\text{巧克力酱}|\text{面包})=\frac{P(\text{巧克力酱}|\text{面包})}{F(\{\text{面包}\})}$$

需要注意的一点是，关联规则是不对称的。举例来说，已知用户购买面包时，该用户有多大概率会同时购买巧克力酱；已知用户购买巧克力酱时，该用户有多大概率会同时购买面包——这是两个独立的概率问题。因此，$P($巧克力酱$|$面包$)$ 通常不等于 $P($面包$|$巧克力酱$)$，除非 $F($面积$)$ 和 $F($巧克力$)$ 刚好相等。

回到上文啤酒和尿布的例子，$P($尿布$|$啤酒$)$=3/3=100%，$P($啤酒$|$尿布$)$=3/4=75%。从这个角度来解释的话，就是周五晚上凡是买了啤酒的人，100%都买了尿布；买了尿布的人中有 75% 买了啤酒。

## ▶14.3 分布式挖掘频繁模式：高效探索关联规则

当数据库规模很大时，人们应该如何高效地来探索关联规则呢？关联规则的计算主要基于频繁模式，当频繁模式确定后，人们只需要进行一些简单的除法运算就可以推导出关联规则。当数据库规模很大时，人们可以考虑对频繁模式进行

**分布式计算**（Distributed Computing，可参考第 38 章）。简而言之，分布式计算就是将一个计算任务分配到不同的计算机上完成，最后再整合结果。

通过分布式计算，人们可以将大数据库化整为零，分成足够多份（每一份都是一个小数据库），从而在不同的计算机上分析每一个小数据库的频繁模式。其核心思想在于整个大数据库中的频繁模式一定在至少一个小数据库中也是频繁模式，如图 14-2 所示（反证法）。因此，在得到了每个小数据库中的频繁模式后，就可以将这些频繁模式的数据组代入整个大数据库中，检验部分数据下的频繁模式在整体数据下是否仍然成立。每个小数据库中找到的频繁模式的总和，通常比直接在大数据库中寻找频繁模式所需尝试的模式总数少几个数量级，因此分布式计算会非常高效。

图 14-2　分布式频繁模式正确性的证明示意图。TDB 表示销售数据库，|TDB| 表示该数据库中数据量的大小。F 表示每个（小）数据库中物品组合出现的频率。σ 指的是 relative minimum support，是一个 0 ～ 1 的小数

讲座的最后，有学生问商老师："老师，啤酒和尿布在沃尔玛里真地是摆放在一起的吗？"

商老师大笑："其实，我记得我读博士的那会，刚到美国第一时间就去沃尔玛实地查看了，发现啤酒和尿布并没有摆放在一起售卖。但是，这个故事激励了很多人去研究数据挖掘，也助推了大数据科学的发展。科学研究有的时候也需要一点故事和浪漫。"

# 第15章　最优化：
# 为什么肯德基、麦当劳总是开在一起

商老师的小侄女刚参加完中考，趁着暑假的空闲时间和爸爸妈妈一起来美国游玩。商老师这天去机场接机，回程的路上，商老师发现汽车的汽油不够了，便按照地图找到一个最近的加油站加油。

小侄女第一次来美国，很是好奇，在车里东张西望着，突然像发现了什么新大陆似的，大声跟商老师说："小叔叔，我发现一个事儿，你看这个十字路口的四个方向，每个方向上都有一个加油站呢（如图15-1所示）。"

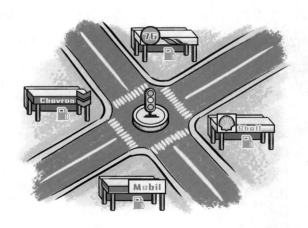

图 15-1　美国经常出现一个十字路有 4 个加油站的情况

商老师环顾一周："你观察得很仔细,你有想过为什么吗?"

小侄女一头雾水："这还有为什么要说的吗?"

商老师再提示："你仔细想想生活中还有没有见到过这种类似的布局?"

小侄女思索片刻："在国内,肯德基和麦当劳也总是开在相隔不远的地方,只要这块儿有肯德基,旁边不远处就会有麦当劳;就算没有麦当劳,也会有汉堡王或者同类型的快餐店。"

商老师点头表示认可："确实如此,其实加油站的布局也好,肯德基和麦当劳的'相爱相杀'也好,背后都是计算机科学中的最优化问题。"

在计算机科学中,最优化问题是指在给定约束条件下,寻找最优解或最佳决策的问题。这些问题通常涉及最大化或最小化一个特定的目标函数。最优化问题在计算机科学的各个领域中都有广泛的应用,例如机器学习、网络优化、图形学等。

具体来说,定义一个最优化问题需要三个要素:变量(Variable)、目标函数(Objective Function)和约束条件(Constraint)。变量指的是有哪些因素是可以改变的(比如建造加油站的位置),通常使用一些数字来精确地定义(比如经纬度来定义位置);目标函数是优化目标的量化,比如最小化费用、最大化收益等;约束条件描述变量的有效范围(比如在建造加油站时,只有若干个位置是允许的),一般通过若干等式和不等式来描述。在以上这些都确定了之后,就需要通过计算机的一系列运算来找到"最优解"。最优化问题是机器学习中的一个重要环节。在机器学习中,解决最优化问题的最常见方法就是梯度下降(可以参考第 21 章)。

## ▶ 15.1 店铺选址的"最优化"目标究竟是什么

以肯德基和麦当劳为例,来看一个简化版本的最优化问题:如果一个虚拟世界只有一条街,所有的居民都沿着这条街的两边均匀分布。这时肯德基准备开店了,那么店铺应该选在什么位置才是"最优"呢?

要解决这个问题,首先需要定义什么是"最优"的目标。店铺选址需要考虑的因素有很多,但是对于很多店铺来说,客流量是一个非常重要的因素。想要客流量大,很重要的一点就是,店铺的选址要离居民们近一些。因此,一个近似的"最优"目标就可以定义为将店铺选址在一个到所有居民的平均距离最近的地方。

当"最优"目标定义好之后，店铺选址问题就变成了一个最优化问题。由于居民是沿着这条街均匀分布的，最优的店铺位置当然是这条街的中点位置（如图15-2所示）。这个结论也非常符合人的直觉。

图15-2　肯德基选址示意图。在一个街道上的人均匀分布的情况下，中点位置可以让所有人到店的平均距离最小，因此是最优位置

肯德基的店铺开张了，作为这个虚拟世界里唯一的炸鸡快餐店，它的生意十分火爆，所以紧接着，麦当劳也想来开店。那么麦当劳的店铺应该选址在哪里呢？

同样，要解决这个问题，需要定义什么是"最优"目标。对于第二家炸鸡快餐店来说，如果它的食品质量、口味、价格和第一家炸鸡快餐店不相上下，要能够有效地和第一家炸鸡快餐店竞争，就需要把店铺开到离居民更近的地方，假设每个居民在选择同质的店铺时选择最近的店铺；如果最近的店铺有多个，就随机挑选。

那么此时，对于麦当劳来说，麦当劳需要将店铺选在至少不远于肯德基离居民区的位置。当这个"最优"目标确定好后，麦当劳的选址问题也变成了一个最优化问题。此时，肯德基已经开在街道的正中间了，考虑到居民是关于肯德基的店铺对称分布的，麦当劳开在肯德基的左边位置还是右边位置本质上没有区别。如果麦当劳开在肯德基的左边位置，整条街（假设整条街的长是 1）会被分成三段：①麦当劳左边一小段（长度为 $x$，$0 \leqslant x \leqslant 1/2$）的居民，会倾向于选择新开的麦当劳；②肯德基右边一小段（长度为 1/2）的居民，会倾向于肯德基；③麦当劳和肯德基中间一段的居民，会有一半 $((1/2-x)/2)$ 倾向于肯德基，另一半 $((1/2-x)/2)$ 倾向于麦当劳。综上所述，如果麦当劳选择在肯德基的左边位置开设店铺，会有 $x+(1/2-x)/2=1/4+1/2x$ 的人选择麦当劳。为了让这个总数最大化，$x$ 需为 1/2，也就是说，为了能充分和肯德基竞争，麦当劳也应该将店铺位置选在这条街的正中间，如图 15-3 所示。

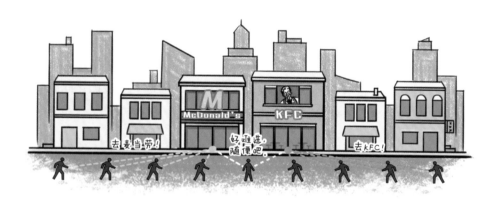

图 15-3　麦当劳选址示意图。最优位置就是贴着肯德基

所以，对于麦当劳的选址来说，"最优"目标是贴着肯德基的店面开。这个结论也非常符合直觉——一整条街分成了两段，离肯德基近的居民们就去肯德基吃炸鸡，离麦当劳近的居民们就去麦当劳吃炸鸡。

当然，现实世界比虚拟世界复杂许多——道路错综复杂，交通工具的考量也会使距离的计算变得不直观。并且居民的分布也不再是均匀的，还需要考虑用餐时间、工作和居住人口的变化。但是，万变不离其宗，如果肯德基已经把调研做到位了，找好了最佳的开店地址，那么麦当劳开店的地址会偏离很多吗？一定不会，因为同质的店铺的客户群体是类似的，最优化的目标也是类似的。因此，麦当劳往往会开在肯德基的附近。这也是为什么小侄女观察到十字路口的四个角落上都有加油站的原因。

## ▶ 15.2　生活中的其他最优化问题

从生活的角度来看，几乎所有需要做决策的问题都可以归为最优化问题。只是生活中的有些决策问题，比如投资收益，可以通过数学量化来寻找最优解；而另一些决策问题无法使用数学来求解最优解。对于这些无法通过数学来决策的最优化问题，人们通常会寻找与目标和条件相似的情况，参考前人的经验，找到相对较优或最优的解决方式，然后根据具体情况进行调整，得出当下最优解。这也是为什么在很多时候，当学生准备考研或出国时，常常被建议与那些考研或出国成功的学长学姐多交流，多借鉴他们的经验。特别是当自己的目标与学长学姐的目标非常一致时，学长学姐的经验具有非常重要的参考价值。在这种情况下，学生们可以模仿学长学姐的准备经验，即"最优解"，稍加改进，从而得到适合自己的"最优解"。

小侄女忍不住发表意见："那我们这次来美国，我负责订机票，我查询了不同的航班、时间、价格等，最后找到最合适的机票，也是一个最优化问题！"

商老师忍俊不禁："说的确实没错！"

# 第 16 章　特征工程：
# 如何区分三个"一模一样"的灯泡

又是一年春节时，商老师这天去拜访自己的姨妈和姨父。商老师的姨妈有一个可爱的小孙子，已经快两岁了。商老师刚进门，就看到姨妈正在陪小孙子玩耍。小孙子看到客厅里放着一个画着小浣熊的整理箱，非常感兴趣地拉着姨妈过去想，要研究一下。姨妈一边收拾手里的玩具，一边瞥了一眼整理箱，跟小孙子说道："这是一个整理箱，上面画了一只小猫咪。"

商老师连忙加入对话："整理箱上画的应该是一只小浣熊，不是小猫咪哦（如图 16-1 所示）。"姨妈定睛一看："嘿，还真是只小浣熊，刚才只注意看了耳朵和尾巴，还以为是一只小猫呢。"商老师打趣道："看来您的特征工程能力还有待提高呀。"

图 16-1　小浣熊和小猫咪

## ▶16.1　区分浣熊和猫咪的特征构建：特征工程重要且复杂

特征工程（Feature Engineering）是机器学习（Machine Learning）和数据科学（Data Science）领域中的术语。从计算机科学的角度来看，特征工程是指依靠领域内专家的经验和知识，将原始数据转化为人工智能模型可以使用的特征，从而达到最佳的学习效果。通俗地说，特征工程是针对给定的某个数据进行分析，通过一些可以量化的特征来准确描述该数据，以便与其他数据区分开来；这些量化的特征可以进一步作为人工智能模型的输入。

给定的数据可以多种多样，例如一张图片、一段文字或一个物体。如图 16-1 所示，在小浣熊和小猫咪的情境下，给定的数据其实为整理箱上的动物图片，在对该图片进行特征工程分析时，姨妈提取了两个特征：一个是该动物的耳朵是否为三角形的；另一个是该动物的尾巴是否有条纹。然而，如果仅考虑这两个特征，并不能很好地区分该动物为小浣熊还是小猫咪，这也是姨妈错误地将小浣熊认成小猫咪的主要原因。在这种情况下，姨妈进行的特征工程并不是一个很好的分析过程。相比之下，一个较优的特征工程可以被量化为：第一，该动物的脸颊是否较宽——一般来看，小浣熊的脸颊较宽；第二，该动物的毛色花纹是否比较单一——一般来看，小浣熊的毛发花纹颜色比小猫咪的更为丰富；第三，该动物的鼻子是否较大，鼻梁是否突出——一般来看，小浣熊的鼻子要大于小猫咪的鼻子，且鼻梁更为突出。综合这三个特征一起考虑，就能很容易地区分二者了。

由此可见，特征的构建并不是一件容易的事情。特征工程实际上是一个非常考验经验和想象力的工作。优秀的特征工程能够帮助人工智能模型快速、精确地区分出不同的数据点，从而使得后续训练的人工智能模型更加准确；而糟糕的特征工程会产生负面影响。特征不足会导致人工智能模型无法清晰地区分不同的数据，就像姨妈混淆小浣熊和小猫咪，实际上是姨妈建立的特征不足导致的结果。另外，还有一些不够优秀的特征工程会为了区分数据而设计过多冗余、无用的特征，最终可能造成时间和精力的浪费。例如，在根据公司财报预测股价时，如果把每家公司看作一个数据点，为了区分股价预测上涨和股价预测下跌的公司，人们就需要构建特征，以便让人工智能模型进行区分。然而，如果构建的特征既包括公司每个季度的营收，又包含公司年度的营收，以及公司年度支出和公司年度利润，那么这个特征工程就存在冗余。因为通过公司季度营收的累加，可以轻松地推导出公司的年度营收；同理，通过将公司年度营收减去公司年度支出，可以轻松地推导出公司的年度利润。

特征工程是一个繁杂且需要耐心的过程。它通常涉及很多需要迭代的步骤，需要考虑最初的特征设计、特征增强（例如特征和特征之间的交叉配合产生新的特征）、特征选择（例如排除掉冗余的特征）等。因此，一个出色的特征工程，需要构建者具备足够的想象力、扎实的逻辑能力，以及优秀的综合问题解决能力。

## ▶16.2　提取灯泡发热的特征，妙解特征工程的经典面试题

很久以前，有一道经典的面试题，如图16-2所示，在房间A内有三个外观一模一样的灯泡，而控制这三个灯泡的开关位于房间B内。房间A和房间B是完全独立且分隔开的。面试者首先被要求进入房间B，可以在房间B内对灯泡的开关进行任何操作；然后面试者需要离开房间B，进入房间A，在房间A内同样可以对灯泡进行任何操作。面试者之后无法再进入房间B。最终，面试者需要确定房间A内的三个灯泡与房间B内的三个开关之间的对应关系。

图16-2　面试环境示意图。左边为房间B，右边为房间A

当然，这道面试题最初被当作一个智力题（Brain Teaser），来考查面试者是否具备一些发散性思维。然而，如果我们将这道面试题里的灯泡和开关看作人工智能模型下的"数据"，同样可以从计算机科学的角度进行分析：首先，在房间B内，面试者可以对三个开关进行数据的预处理，即提取三个开关的一些特征；

其次，在房间 A 内，面试者可以对三个灯泡进行数据的预处理，同样提取三个灯泡的一些特征；最后，面试者需要将这些特征进行归纳和聚类（Clustering），然后通过生活中的一些常识进行配对。

从计算机科学的角度来看，聚类是指将一系列特征相似的数据集合在一起，组成一个聚类（Cluster）。灯泡与其对应的开关之间的配对关系，可以看作一个仅包含两个数据点的聚类。

按照这种思路，面试者需要思考开关有哪些特征可以提取？灯泡有哪些特征可以提取？对于开关来说，最直观的特征就是两种状态：打开和关闭。同样地，对于灯泡来看，最直观的特征就是两种状态：亮和暗。如图 16-3 所示，当只有两个灯泡和两个开关时，这些特征能够直接关联在一起，人们可以轻松地确定灯泡和开关之间的对应关系。然而，这一组特征只包含两种状态，无法解决面试题中涉及三个灯泡和三个开关的对应关系问题。

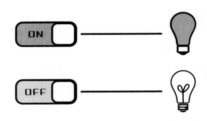

图 16-3　两个灯泡和两个开关对应的特征表示

此时，面试者需要考虑还有哪些特征可以被提取。具体来说，面试者需要意识到**灯泡在发光的同时也会发热**这一属性。一般来说，灯泡通电时间越长，温度就会越高。基于这一属性，面试者可以从开关和灯泡之间提取另一组特征：开关打开的时间越长，相应的灯泡温度就越高。

结合上述两组特征，面试者便可以制订一个策略，从而很好地甄别三个开关和三个灯泡之间的对应关系。如图 16-4 所示，面试者在进入房间 B 时，可以首先确保开关 2 和开关 3 处于关闭状态，然后打开开关 1，并保持开关 1 打开的时间足够长。接下来，面试者可以关闭开关 1；与此同时，可以打开开关 2。然后，面试者可以进入房间 A，此时亮着的灯泡由开关 2 控制，既不亮也不热的灯泡是由开关 3 控制的，不亮但温度升高的灯泡则是由开关 1 控制的。

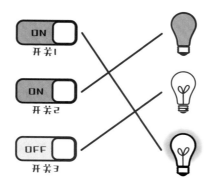

图 16-4 三个灯泡和三个开关对应的特征表示

## ▶ 16.3 好的特征工程能力处处有用

姨妈皱着眉头听了好半天，终于明白了："我刚才一直在想怎么解出这道面试题呢，要不是你这么一说，我还真想不到有这么好的方法。"

商老师笑了笑，说道："特征工程还有很多用武之地呢。您不是喜欢看《最强大脑》吗？从某种角度来看，里面很多强调观察力的比赛实际上就是在考查选手们的特征工程能力。"

姨妈顿时来了兴趣："是吗？你快跟我详细说说！"

商老师继续解释道："一些考查观察力的比赛会要求选手在很多干扰选项中找出正确的答案，这就要求选手们能够找到适当的特征，以区分正确答案和干扰选项。举一个简单的例子，如图 16-5 所示，如果需要在多个多边形中找到一个指定的多边形，选手们就需要思考如何对那个指定的多边形进行特征提取。例如，该多边形有多少边，有多少个锐角，有多少个直角，整体形状最像哪种动物，等等。"

图 16-5 找相同多边形的例子及相关特征

姨妈感叹道："特征工程能力对于人们来说这么重要呢。"

商老师点点头："特征工程不仅对于人类很重要，对人工智能模型也是一样。好的特征工程可以有效地帮助人工智能模型从大数据中学习出蕴含的规律。例如，在早期的人脸识别模型中，特征工程就发挥了重要的作用，通过对眼睛和眉毛提取特征（叫 Haar 特征），实现了较好的识别效果。近年来，随着深度学习模型的高速发展，出现了很多种方法（例如自监督 Self-supervised 和对比学习 Contrastive Learning）来进行特征学习（Representation Learning）。通过海量的数据，深度学习模型能够学习到很多人们意想不到的特征，甚至在一些特定的任务中表现得比人类专家更强。这一特性在计算机视觉领域尤为显著，也在自然语言处理领域不断演进。"

第 4 篇

生活中的
机器学习

# 第 17 章　最近邻算法：
# 孟母三迁背后的假设

商老师的同事王老师，因为孩子即将上小学，一直在计划搬到一个更好的学区。王老师近日里来沉醉于研究学区房，每次与商老师见面都会提及此事。

商老师忍不住好奇地问："你现在住的地方所在的学区也不错呀。你一定要搬到最好的学区才行吗？"

王老师坚定地点头："那当然，我希望给孩子创造一个更好的学习环境。我这也算是'孟母三迁'了。"

商老师感慨道："真是可怜天下父母心。你别说，孟母三迁背后的理念其实在计算机科学中也有体现。"

孟母三迁背后的思想主张是环境对人有潜移默化的影响，与人们常说的"近朱者赤，近墨者黑"的理念类似。这个观点和计算机科学中的**最近邻（Nearest Neighbor）算法**十分相似。

## ▶ 17.1　最近邻算法不需要"学习"

最近邻算法是机器学习的经典**分类（Classification）算法**。如图 17-1 所示，分类算法是指一种将输入数据（比如一篇产品评论）分为不同类别（比如正面情感还是负面情感）的算法。例如，对一些点评类 App 上的评论进行正负面评价分类时，就需要使用这种分类算法来构建机器学习模型。

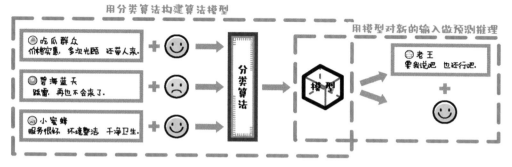

图 17-1　分类算法创建情感分类的机器学习模型示意图

　　一般而言,机器学习的各种算法都需要先构建一个算法模型,然后该模型会使用训练数据来学习数据的规律,并根据规律总结出相应的规则,之后应用到更广泛的数据上。最近邻算法并不需要通过训练数据来"学习"这些规律。不需要使用训练数据"学习"的机器学习算法被称为**基于记忆的机器学习(Memory-based Machine Learning)算法**。具体来说,这类算法并不先构建一个算法模型,而是直接利用训练数据中的实例对新数据进行推断和预测。

　　对于最近邻算法,顾名思义,当给定一个新数据时,它会预测和推断这个新数据的属性标签。它只需要在训练数据中找到与这个新数据最"相近"的数据,然后根据这个"相近"的训练数据的属性标签来输出新数据的属性标签。例如,当需要对测试数据进行 1～9 的分类时,如图 17-2 所示,最近邻算法会用现有的训练数据与新数据比较,并按照与现有训练数据的相似程度来判断某一新数据应该是 1～9 中的哪个数字。

图 17-2　最近邻算法识别 0～9 的手写数字示意图

## ▶ 17.2  最近邻算法的关键：如何定义相似度

最近邻算法的关键在于如何定义并筛选新数据与训练数据之间的"相近"程度，即**相似度（Similarity）**。**欧氏距离（Euclidean Distance）**是一种用来定义数据相似程度的方法——两个数据点的欧氏距离越小，它们的相似程度越大。欧氏距离主要用来衡量多维空间中两点之间的距离。在二维空间中，欧氏距离就是我们熟知的"两点之间，直线距离最短"。

按照欧氏距离来定义相似度，如图 17-3 所示，展示了一个二维空间中最近邻的例子。图中有若干训练数据点。在测试时，用户输入任意一个二维平面上的点 A。给定 A 之后，最近邻算法会遍历所有训练数据点，寻找与点 A 最近的训练数据点 B，并用点 B 预测点 A 的相关信息。在这个过程中，点 A 的预测结果完全由点 B 决定。因此，为了便于描述，这种最近邻关系被称为**训练数据点 B 覆盖了平面上的点 A**。如图 17-3 所示，可以观察到，每个训练数据点都覆盖了其周围的一个凸多边形范围内的点，这些凸多边形被称为泰森多边形。用这些多边形来切割平面得到的图叫作沃罗诺伊图（Voronoi Diagram），也被称为狄利克雷镶嵌（Dirichlet Tessellation）。

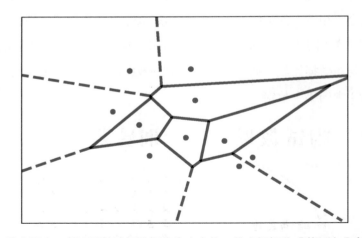

图 17-3　二维空间中，最近邻算法以数据点为中心将二维空间切分成若干个凸多边形。每个凸多边形内的点的最近邻都是那一个数据点。虚线部分的边界都是无限长的，包含虚线的多边形都是无限大的

生活中有一个非常常见的例子背后运用了最近邻算法的逻辑：当老师在班级中安排座位时，有时会特意让一个相对活泼的学生坐在一个相对安静的学生旁边，

或一个成绩相对较差的学生坐在一个成绩相对较好的学生旁边，期望学生们可以互补并得到对应的提高。老师这样安排的前提是学生在性格和成绩上的"相近"程度可以受到座位距离的影响。

学区房的划分通常是以学校为训练数据点，并采用与欧氏距离类似的方法来衡量房子和学校之间的距离。这个过程在总体上与最近邻算法非常相似。当然，还需要额外考虑到道路、河流、桥梁以及行政区划的因素。

然而，在很多需要通过机器学习解决的问题中，相似度的定义并不总是那么直接。因此，计算机科研人员需要通过更复杂的特征工程（参考第 16 章）对数据进行一系列复杂的计算，转换为一个个高维空间中的点，从而更准确地计算相似度。除了经典的欧氏距离，还有余弦相似度（Cosine Similarity）、KL 散度（Kullback-Leibler Divergence）等多种距离计算方法可以选择。

## ▶ 17.3　从最近邻到 $K-$ 最近邻：综合考虑更稳健

在处理某些更复杂的问题时，仅仅考虑单个最近邻的训练数据是不够的。此时，算法模型会考虑最近邻的 $K$ 个训练数据，从而最近邻算法被拓展为 **$K-$ 最近邻算法**，$K-$ 最近邻算法考虑的训练数据的邻近范围会更广。如图 17-4 所示，当 $K-$ 最近邻算法试图对图中绿色的手写数字进行分类时，如果考虑 $K=1$ 范围内的训练数据，则算法会将此数字识别为 4；但如果考虑 $K=3$ 范围内的训练数据，则会将该数字识别为 6。由此可见，$K-$ 最近邻算法的结果可能并不总是稳定的，它会受到训练数据"相近"程度定义的影响。通常认为，当选取的 $K$ 值较小时，例如 $K=1$ 或者 3，$K-$ 最近邻算法的预测准确性会比较高，因为 $K-$ 最近邻的训练数据与当前要分类的数据之间的相似度更高。但此时由于使用到的近邻数量有限，预测可能较为不稳定。相反，当 $K$ 值较大时（比如 7、9 或者更大），$K-$ 最近邻算法的预测稳定性会增强，但其准确性会降低，因为多考虑的那部分近邻可能已经与当前需要分类的数据不那么相似了。

$K-$ 最近邻算法常常被用于对大宗资产的估价，如图 17-5 所示，在房产估价中，估价员会选择标的房产一定范围内与其最相近的三到五个房产进行比较。在确定"最相近"房产时，估价员需要考虑多种因素，如地理位置、噪声、楼层、面积、房间数量、装修及维护状况等，还需考虑成交时间。标的房产与被比较的房产在

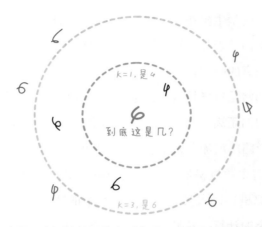

图 17-4　*K*- 最近邻示意图。中间的手写数字到底是几？不同相似度的训练数据给出了不同的
答案。如果 *K* =1，则应该是 4；但如果 *K* =3，则应该是 6

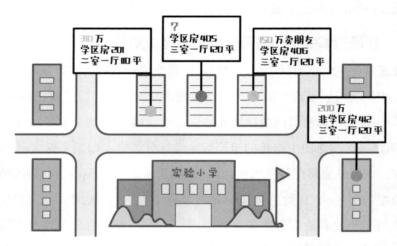

图 17-5　房产估价的例子。通常需要综合考虑标的房产一定范围内的其他房产

各方面越接近，"最近邻房产"的数据价值就越高，对标的房产的估价也更为准
确。但如果标的房产与被比较的房产在某些方面存在较大差异，那么"最近邻房
产"的数据价值就会降低。在这种情况下，评估员需要进行更为细致的评估和分
析，全面考虑标的房产与"最近邻房产"之间的差异所产生的价格影响。当"最
近邻房产"的数据比较充足时，*K*- 最近邻算法的估价效果会非常理想。例如，
如果标的房产旁边有一套与其户型相同的房产刚完成交易，那么标的房产的估价
会变得十分简单。但如果邻近房产的成交价格存在偏差，如朋友间的低价交易，
那么它会对标的房产估价产生影响。因此，为了估价的稳定性，即使标的房产邻

近有一套刚刚成交且户型一样的房产，估价员也不会只参考这一套房产，而是会综合考虑一定范围内的其他房产。

英美法系的法官审理案件时的方法，也可以看作最近邻算法的运用。**判例法**是英美法系的一个重要渊源，个案判决里的法律规则对后续案件具有法律约束力。法官在审理案件时，需要在历史判决中寻找与当前案件最为相似的判例，分析和比较当前案件和判例的事实，进行法律推演并得出判决结果。

王老师听到这里，连忙摆手："打住打住，你这么一说，还真提醒我了。在我的学区房研究项目里，得加上跟我孩子同龄的小朋友这一项。我现在有两个学区，还不知道选择哪个好，之前光顾着看学校的师资力量和升学率了，我得去打听这些同龄的小朋友在这两个学区的学习生活是什么样的。跟我孩子同龄的小朋友，才是'最近邻'的数据点呀！"

商老师大笑："你不愧是懂计算机科学知识的'孟母'！"

# 第 18 章　支持向量：
# 美国大选基本只需要看摇摆州

商老师的舅舅是个政治迷。每次美国大选直播时，他都不顾时差和黑眼圈，坐在电视前密切关注票数的变化，还常拉上舅妈一起观看。

## ▶18.1　得摇摆州者，得美国大选

暑假期间，商老师回国去拜访了舅舅和舅妈。一进门，舅舅便拉着商老师想多了解美国的政治现状。还没等商老师开口说话，舅妈便开始诉苦："政治迷又开始了。你是不知道，上次特朗普和拜登的大选直播时，你舅舅拉着我熬夜到凌晨。目不转睛地盯着票数的变化，非要看到底谁能赢得大选。你舅舅有点魔怔了，这个大选的结果，明明就是由摇摆州决定的，他却要看每个数字的变化。"

舅舅有点儿不开心了，嘟囔道："你说是由摇摆州决定的就由摇摆州决定啊？"

商老师出来做和事佬："舅舅，你还真别说，舅妈的话是有计算机理论知识支持的，这个大选的结果，基本是由摇摆州决定的。"

在美国的选举人制度中（如图 18-1 所示），某些州的多数选民更偏向共和党，被称为"红色州"，而某些州的多数选民更偏向民主党，被称为"蓝色州"。尽管这些州的选举结果并非一成不变，但在大多数情况下是相对稳定的。还有

一些州的多数选民会在共和党和民主党之间摇摆不定，被称为"摇摆州"。通常，红色州和蓝色州的投票结果可以预测，在这样的假设下，大选结果的关键更多地取决于摇摆州的投票结果。因此，候选人往往会在摇摆州安排更多的竞选活动。

图 18-1 美国大选的两党 PK

所以，舅舅一直盯着屏幕和票数的行为并没有太大意义。由于计票顺序，红色州和蓝色州的结果偶尔可能在中途反转，但这并不代表最终结果的改变。一般来说，红色州大多数时间会支持共和党候选人，而蓝色州偏向于支持民主党候选人。正如舅妈所言，舅舅需要更多关注的是摇摆州的投票结果。

## ▶18.2 从二分类的角度看支持向量：寻找最优分界线

舅妈的这种观点与机器学习中的经典算法——**支持向量机**（Support Vector Machine，SVM）非常一致。

支持向量机主要运用在分类问题中。分类问题通过建立一些规则，让算法能够通过规则对数据进行区分。举一个简单的例子，如图 18-2 所示，如果用二维的标准来区别可回收垃圾和不可回收垃圾，人们通常可以考虑垃圾的质量和体积：可回收垃圾的质量一般要轻于不可回收垃圾，因为可回收垃圾通常是由纸张、塑料等组成的；可回收垃圾的体积也通常大于不可回收垃圾。针对这两个因素，人们可以将垃圾样本制作成图 18-2 所示的散点图。

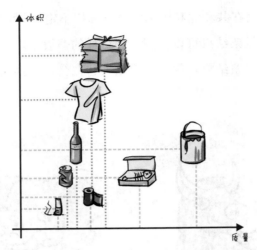

图 18-2　总体来看可回收垃圾普遍体积大、质量小；不可回收垃圾则反之

根据散点图，人们会得到一定的预期：通常可回收垃圾大且轻，不可回收垃圾小且重。依据这条规则，人们在下次遇到需要分类的垃圾时，就可以参考这一规则。这便是一种分类分析的方法。

支持向量机算法与上述分析方法密切相关。在支持向量机算法中，每个数据点都被映射到空间中的一个点，支持向量机旨在找到最优的方法区分它们。最基础的支持向量机算法是一个用于二维空间的线性（Linear）二分类（Binary Classification）算法。二分类，顾名思义，就是将数据点分成两类；所谓线性，就是使用一条直线完成数据分类，其中一侧的数据是一个类别，另一侧的数据属于另一个类别。支持向量机算法的概念可以推广到高维空间，维度取决于要考虑的特征数量。在二维空间中，支持向量机寻找最优的分界线，而在高维空间中，它寻找的是最优的分界面。

举一个二维的例子，如果给定一个散点图，如何用一条分界线来对这些数据点进行分类呢？如图 18-3 所示，对同样的数据集做二分类，可能存在很多种完美分界线，即这些分界线都可以将这些数据点分为两类。那么，哪一条分界线是最优的呢？

人们可能会直观地认为 H1 是最优的分界线。然而，如何找到最优的分界线，正是支持向量机算法的目标。支持向量机算法通过**最大化边界（Maximum Margin）**来确定最优分界线（如图 18-4 所示）。一旦最优分界线确定，支持向

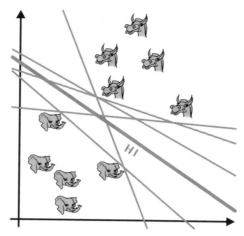

图 18-3　对同样的数据集做二分类，可能存在多个完美分界线。直观来看，*H*1 比其他分界线
显得更优一些

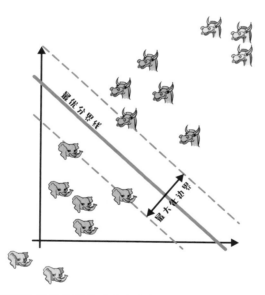

图 18-4　最大化边界得到的最优分界线只由最大化边界上的数据点（即支持向量）决定。
其他远离最大化边界的数据点（甚至噪声数据），对这个最优分界线毫无影响

量机算法会计算每个数据点到最优分界线的垂直距离，并分别找到两类数据点中
距离最优分界线最近的（可能有多个）数据点。这些数据点一起决定了支持向量
机的最优分界线，因此它们被称为支持向量（Support Vector）。这些支持向量们
距离最优分界线的距离之和就构成了最大化边界的大小。在理想情况下，最优分
界线应该恰好位于这个最大化边界的中间。

## ▶18.3 远离最大化边界的点对最优分界线没有影响

正是基于支持向量机算法的这一底层逻辑，该算法具有一个非常重要的优势，即对于噪声（Noise）数据点的容忍度非常高。噪声数据点是指一些存在误差或错误的数据点，通常与正常数据点相距较远。换句话说，不在最大化边界上的数据点（即非支持向量的数据点）对于最优分界线的位置没有任何影响。这一发现可以通过最优化（Optimization）中常见的对偶（Dual）理论来证明，这里不再展开叙述。因此，当在最大化边界外增加了一些数据点时，支持向量机算法下的最优分界线不会随之改变。

回到美国大选的例子，如果我们使用二维散点图来分析选民的投票数据，那么红色州和蓝色州的投票数据点实际上远离最大化边界，而摇摆州的投票数据点将决定最大化边界的位置（因此可以被看成支持向量），从而进一步决定最优分界线的位置，以区分民主党和共和党获得的投票数据点。因此，正如舅妈所言，得摇摆州者得大选。

舅妈听到这里，不可置信地说："我这随口一说的，居然真有理论支持呀？"

商老师肯定地答道："那是当然的。其实，很多计算机科学知识都蕴含在了我们的日常生活中，与我们的生活密切相关。支持向量机算法的思想在生活中还有很多其他应用。例如，在农作物种植领域，如果要在一块田地里规划两种不同农作物的种植区域，可以根据每个区域的土壤状况、水分、光照以及不同农作物的生长特性等因素，利用支持向量机算法建模，以将不同农作物的种植区域明确分开，并找到最优的分界线。"

舅妈得意地看向舅舅："听见了吧，你外甥都给我验证过了，我可不是信口开河的。下次大选不要再拉着我熬夜了！"

# 第 19 章　过拟合：
# 高考失误真的是因为心态吗

又是一年高考季，商老师学校实验室里的小姚同学的家对面就有一个高考考点，考点前聚集着密密麻麻的家长们，在焦急地等待着自己的孩子（如图 19-1 所示）。

图 19-1　高考考点示意图

小姚这天在实验室里跟自己的妈妈视频，妈妈给他看了看家对面的高考考点实况。商老师路过实验室，正好看到挂掉视频的小姚同学心事重重的样子，上前问小姚怎么了，小姚感叹道："今天是今年高考第一天，刚才我妈妈给我视频看我们家对面的高考考点，我不由自主地想起了我的高考，居然是好几年以前的事儿了，有时候都不想回忆自己的高考，自己心态太差了，导致那年高考发挥失误……"

商老师安慰他："其实未必是你的心态原因，可能是你平时的学习和高考之间产生了'过拟合'。"

## ▶19.1　人类学习与机器学习的类比

在机器学习中，**拟合（Fitting）**指的是机器学习模型基于给定的数据（即**训练数据**）学习规律的过程。拟合效果是用来评估**机器学习模型**功能的一项重要指标。这个过程还要用到**验证数据集**，主要是检查机器学习模型的训练是否正常，是否需要调整方向。如图 19-2 所示，机器学习和学生学习有极大的共性。例如在典型的人类学习场景中，学生学习的最终目的是建立自身的知识体系和逻辑推理模型，这里我们简称为学生**自身的学习模型**。学生在学校学习的过程，可以被看作自身学习模型拟合的过程，老师通过课堂上的讲解、课后的作业等形式，为学生的学习模型提供**训练数据**，学生需要在这些训练数据的基础上学习和了解这些数据背后的知识和规律。在这个过程中，老师还会提供一些单元小考、周考或者月考来帮助学生查缺补漏，这些阶段性的考试就可以看作**验证数据集**。此外，验证数据集通常和训练数据呈独立同分布（independent identical distributed，i.i.d.）。代入学习的背景下，用通俗的语言解释，独立同分布就是指平日的讲解和考试的出题是由同一个学校的老师甚至是同一位老师完成的。

## ▶19.2　高考表现得不好可能是因为过拟合

如何评估一个机器学习模型的拟合效果呢？机器学习中常见的一个合理性检验（Sanity Check），是将该机器学习模型运用到训练数据上来检验结果。这就好比老师上完课后，给学生们提供随堂测验，考查课堂上教授的知识点，以此来检验学生们的掌握程度。如果一位学生在随堂测试中表现不佳，老师通常可以认为该学生对该堂课上的知识点掌握得不到位。与之对应，当一个机器学习模型在训练数据上表现不尽人意时，这个模型便存在**欠拟合**（**underfitting**）。

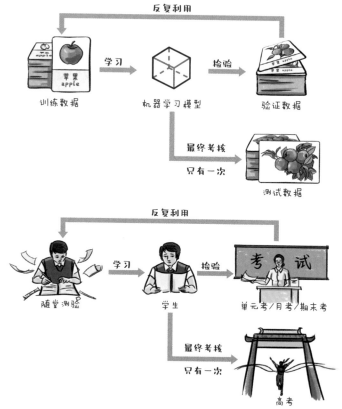

图 19-2　训练数据、验证数据、测试数据和课堂讲解、各种小考、高考的类比关系

在机器学习中，当机器学习模型见过足够多的训练数据并且自身模型足够复杂时，几乎能在所有的训练数据、验证数据上实现近似 100% 的准确率。这就好比如果老师就某堂课的知识点反复讲解并提供多样的针对性习题，学生们反复积累相同题型的解题方法，那么学生们在之后的且由同一位老师出题的随堂测验、单元小考、周考或者月考中的表现会越来越好，甚至可以多次获得满分。

此时，训练数据和验证数据不足以区分机器学习模型的拟合效果，科研人员会引入一个更具挑战的测试——使用新的数据（即**测试数据**，通常和训练数据没有交集）来评估模型的拟合效果。

当机器学习模型见到新的数据时，可以通过之前学习训练数据得到的规律进行运算，并就测试数据给出对应的结果。一个成熟的机器学习模型应当具备一定的**泛化**（Generalization）能力——在面对新的数据时，应当有良好的表现。机器学习模型的泛化能力主要是通过比较其在训练数据和测试数据上的表现进行评估的。当一个模型在训练数据上表现得很好，但在测试数据或新的评估指标上表现得不尽人意时，我们就说这个模型**过拟合**（overfitting）；当一个模型在训练数据和测试数据或新的评估指标上表现得都不错时，我们就说这个模型**拟合得恰到好处**（proper fitting）（如图 19-3 所示）。机器学习中的测试数据类似于学生们面临的高考——高考是根据考试大纲制定的全新的考试，高考考题就是用来检验每个学生的学习模型的测试数据。本质上，高考就是在检查学生对过去十几年学习和积累的知识的调用，是在测试每个学生建立起的学习模型的泛化能力。

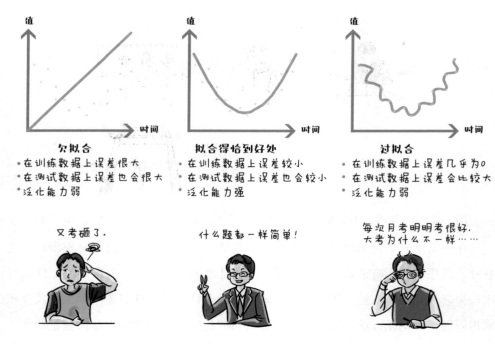

图 19-3　欠拟合、拟合得恰到好处、过拟合

商老师向小姚举例解释："你的高考经历看起来和过拟合的概念很相似。平时的作业还有校内的周考、月考，其实都是自己学习模型的训练数据和验证数据。所谓高考失误，主要指你在这些训练数据、验证数据上的表现不错，但是在最后的高考，也就是最重要的测试数据上的表现欠佳。从计算机科学的角度而言，这很有可能是你建立的学习模型在老师提供的训练数据上**过拟合**了。你肯定也认识

一些贪玩的学生，平时不认真对待作业以及校内的周考、月考，直接导致了平时的作业和考试表现都不行，最后的高考也获得不了满意的结果，这种情况其实就对应了**欠拟合**的概念。相反，还有些同学平时学习成绩优异，高考发挥也很稳定，这其实就是他们的学习模型**拟合得恰到好处**。"

## ▶ 19.3　过拟合产生的原因

那么机器学习中为什么会产生过拟合呢？

机器学习模型过拟合现象的产生原因主要有以下几种，这些原因也可以很好地与学生们的学习和高考的过拟合产生的原因对应起来：

（1）训练数据不够多。在机器学习中，当训练数据不够多时，机器学习模型会错误地学习到过于简单的规律。这种过于简单的规律对于寥寥无几的训练数据来说可能绰绰有余，但是面对测试数据时就不一定有效了。这就好比一位学生如果平日学习的知识点有限，那么在高考中便会有极大的概率遇到平时没有掌握的知识点，从而影响发挥。

（2）训练数据不够准确。机器学习最忌讳的一点是训练数据噪声过大。所谓的噪声，是指训练数据本身不够准确，存在一定的误差。机器学习模型会被噪声误导，学习到不准确或者错误的规律。这就好比一个学生平日学习的解题思路方法总是错误的，那么该学生在高考中很难有好的表现。

（3）机器学习模型过于复杂。在机器学习中，过于复杂的模型甚至能将所有训练数据都记忆下来，因此总能在训练数据上轻易地取得 100% 的正确率。对应到学生的学习和高考情景中，一个极端的例子就是学生在平时的学习中，并没有真正学到任何知识，仅仅是把平时练过的题和解题步骤都死记硬背下来，那么这个学生在高考中就只会平时死记硬背的题型，遇到任何新的题型都无法招架。

（4）训练数据和测试数据的组成有一定的偏差。机器学习的模型要在测试数据上有效，就需要遵循一个基本的假设，即训练数据和测试数据也是独立同分布的。但在现实生活中，这个假设有时候未必成立。当这个假设被严重违反时，在训练数据上训练得再完美、在验证数据上验证得再有效的机器学习模型，在新的数据面前也会毫无用武之地。就高考而言，高考的命题、阅卷和平时学校考试的命题、阅卷的风格未必相同，甚至有时还会迥异。这样的差别在文科考试中尤为明显。如果一位学生平日的学习不懂得举一反三，只拘泥于本校老师的风格，那么在高考中若遇到不同风格的命题，就会容易发生发挥失常的现象。

进一步来看，众所皆知，高考的试题主要分为客观题和主观题两大类别。客观题的评分受阅卷人主观因素的影响很小，而主观题的评分虽然是在统一的评分细则下进行的，阅卷人的主观因素仍然会在一定程度上且不可避免地影响到打分。客观题一般情况下会有唯一的标准答案，从计算机科学的角度而言，即评估指标是固定的；而主观题的评分有较大的人为因素的参与，从计算机科学的角度而言，评估指标是因人而异的。

在学生平时建立学习能力模型的过程中，很重要的一部分训练数据来源于老师平日里的讲解、课后作业及考试，因为是由同一位老师或者同一所学校的老师来负责的，练习和考试覆盖的范围有很大的一致性，也就是上文中提到的训练数据和验证数据服从一个分布。学生在这个过程中的学习目标可以简单地描述为对训练数据（课堂的讲解内容）进行学习和理解，从而使得自己在验证数据集上的错误最少（在作业和考试中取得不错的成绩）。

但当训练数据和测试数据不服从同一个分布时，模型是极易发生过拟合的。平时老师上课讲解的重点，会自然而然地成为该老师出题的重点，所以学生只要把该老师强调的重点理解透彻，在完成作业和考试时，便会顺理成章地取得不错的成绩。然而，高考客观题的一个挑战是，该题的题型或者知识点可能是该老师平时教学里没有重点强调过的。这便会导致部分平时成绩不错的同学在高考考试中发挥失常。对于这种情况，用机器学习的语言来讲，其实就是测试数据和训练数据的分布相差过大，导致在训练数据和验证数据上效果很好的机器学习模型，在测试数据中呈现出非常差的效果。这些平时成绩好的同学，很有可能只是对该老师或者该学校强调的知识点掌握得不错，因为平时的考试是由该老师或者该学校的教研组进行命题的，所以这些同学能够呈现出一个不错的考试结果——用机器学习的语言来说，其实这些同学建立的学习模型在训练数据和验证数据上产生了**过拟合**。当这些同学在高考中遇到没有重点学习过的知识点时，无法调用和运用所学的知识，从而导致了高考的"发挥失常"——用机器学习的语言来说，所谓的"发挥失常"其实是这些同学建立起的学习模型的泛化能力不够。

主观题则更容易产生过拟合,因为有阅卷人的主观因素参与评分中。举个小例子:老师们会经常强调卷面整洁的重要性,这是因为一个整洁、美观的卷面是会潜移默化地影响评分老师的印象的。学生平时解答主观题的思路和行文是在本班老师的指导下形成的。通过平日里的作业、随堂考试和月考,学生其实是在不停地探索老师喜爱的答题方式和评分偏好,这便会导致学生和本班老师的评估指标之间产生过拟合。在高考这类大型考试中,阅卷人来自不同的学校,各自拥有各自偏好的思路和行文方式,这些阅卷人的评分偏好其实是一个新的评估标准。在这种新的评估标准下,学生能够获得怎样的分数,取决于学生建立的知识模型的泛化能力,即学生的思路和行文方式等能否在不同的老师的评分偏好下仍然获得好评。这也是为什么在主观性最强的作文中,会存在某位老师非常喜欢的一篇作文却不被另一位老师青睐的现象,也是文科性质的考试比理科性质的考试存在更大的不确定性的原因。

商老师总结道:"因此,人们有时候惋惜的'高考失误',很有可能并不是因为某位同学的抗压能力太弱或心态不够稳定,而是该同学平时的学习和高考之间产生了过拟合。该同学平时可能非常好地学习和掌握了本班老师强调的知识点,也能够在平时的校内考试中获得不错的成绩,但是和最终的高考拟合效果欠佳。"

## ▶19.4 如何避免过拟合

小姚追问:"那有没有什么好方法可以避免这样的过拟合呢?"

商老师回答道:"结合机器学习模型过拟合产生的原因,我们其实不难理解如何降低高考中'过拟合'的产生风险。从学生的角度来说,学生们要尽可能多地接触不同的、高质量的训练数据,即学生们要尽可能地熟悉每一个知识点,尽可能多地做一些练习题,并且要把平时的学习从本校的范围里扩展出去——多参与和了解一些不同学校、不同区域的考题。这也是一些多校联考、多市联考甚至全省联考的意义所在。从机器学习的角度来说,这些联考就是在让学生们了解和接触不同的数据,通过**数据增强**(Data Augmentation)的手段来提高模型的泛化能力。从任课老师的角度来说,要尽可能地为学生提供准确的训练数据。如果任课老师能够参与高考的命题和改卷,并能够深入研究每一年高考的命题和改卷，那么将会有第一手的经验来了解高考的规律，从而能够在平日的教学中有的放矢。当然，高考的命题设计和评卷标准也需要充分考虑测量评估上的统一性和科学性。"

"难怪说高考不是一个人的战斗啊！"小姚笑着发出了如此的感叹。

# 第 20 章　集成学习：
# 疑难杂症要多看几个专家

商老师平日里和医学院的老师合作不少，这天午饭时间，商老师和医学院的宋老师碰巧碰见了，正好一起吃个午饭聊聊天。

宋老师问商老师："最近在忙些什么呢？"商老师说："最近我在给本地初高中的学生准备一些计算机科学知识的科普学习课堂，我最近准备的一节课程是讲**集成学习（Ensemble Learning）**这个概念的。为了让这个概念更好地被理解，我把这个概念同看医生结合起来了。"

宋老师颇有兴趣："是吗？愿闻其详。"

## ▶20.1　集成学习与寻医问诊

集成学习通俗地讲就是针对同一个问题训练多个机器学习模型，并将这些模型的预测结果综合起来再进行最终预测的一种框架。这与生活中人们看复杂或者严重的疾病的过程很类似。当一个人患有一些复杂或者严重的疾病时，通常会预约多位专家进行诊断。病人去看第一个专家，无论该专家给出的诊断是什么，保险起见，病人总会倾向于再去第二个专家那里寻求第二个观点（Second Opinion）。有时候，当不同专家给出的诊断不尽相同时，病人甚至会去看第三、第四甚至第五个专家，然后综合不同专家的意见来确定适合自己的治疗方案。

宋老师点点头："确实是这样。说到这里，我有一个很好的实际例子，我说给你听听，也许你可以用来辅助讲解集成学习。"商老师说："是吗？你快说给我听听。"

宋老师的学术研究方向是肛肠科，他一半的时间在大学里上课、带学生做研究，还有一半的时间在门诊接待病人。宋老师之前和商老师提到过一个妈妈，产后得了肛裂，看了很多位医生也没有效果，最后找到了宋老师。如图 20-1 所示，在这位妈妈看过的专家中，有的建议她无须采取任何治疗措施，让身体尝试自愈，但是这位妈妈已经尝试让身体自愈了大半年，也没有见到任何进展。有的专家给这位妈妈开了一些涂抹的药膏，这位妈妈又用了大半年，病情也没有起色。还有的专家认为，这位妈妈的肛裂自愈的可能性极小，建议进行传统的手术治疗。最后，到了宋老师这里，宋老师检查过后，认为这位妈妈的肛裂全靠身体自愈的可能性比较小，但是传统的手术治疗创面太大，因此不主张传统的手术治疗，宋老师认为可以考虑通过注射肉毒杆菌来加速肛裂周围的血液循环以帮助身体自愈。这位妈妈当时跟宋老师说自己现在收集到了太多专家的不同意见了，非常纠结，要回去想一想。

图 20-1　不同的专家可能会给出不同的诊断结果

集成学习的核心是通过一些方法，在训练数据的基础上训练多个机器学习模型。在遇到新的数据时，每一个机器学习模型给出自己的预测，最后再综合这些机器学习模型给出的预测得出最终的预测。

在宋老师的例子中，人们可以把这位妈妈看过的专家们看作集成学习中的多个机器学习模型，专家们接待过的历史病人看作训练数据。每位专家的经验和历史病人都不尽相同，也就是"训练数据"各不相同，因此他们对于这位妈妈给出的诊断也不尽相同。这里，专家们的诊断可以看作集成学习中每个机器学习模型给出的预测。很显然，这位妈妈在多方寻求专家意见时，需要考虑如何衡量和综合各位专家的意见。她首先需要决定的一个问题是，是接受手术治疗还是接受传统方案的治疗。这个意见综合以及决策的过程便对应集成学习中很重要的一点——在有多个机器学习模型时，计算机科学家应该如何训练这些机器学习模型，并综合这些机器学习模型的预测结果。

这个过程对应集成学习的两大主要框架：Bagging 和 Boosting。

## ▶ 20.2　Bagging 框架：群策群力、一人一票

Bagging 的框架简而言之就是群策群力、一人一票，如图 20-2 所示。具体来说，Bagging 框架会从原始数据集中采样以生成 $T$ 个不同的数据集，然后使用这 $T$ 个不同的数据集分别训练 $T$ 个机器学习模型，最后再将这 $T$ 个机器学习模型综合起来形成最终的模型。在 Bagging 框架下，这 $T$ 个机器学习模型的训练可以完全并行且独立。

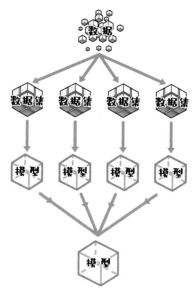

图 20-2　Bagging 框架示意图。每次生成的数据集是独立同分布（参考第 19 章）随机的，可以并行

如果这位妈妈利用 Bagging 框架的原理来衡量多位专家的意见，那么这位妈妈在与各位专家沟通时要尽可能保持每位专家的独立性，例如不要用其他专家的意见来影响当前专家的判断。在最后衡量和综合各位专家的意见时，这位妈妈就遵循一人一票、少数服从多数的原则，如图 20-3 所示。

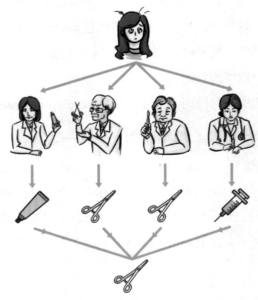

图 20-3　不同专家的意见在 Bagging 框架下的决策过程。一人一票的情况下，得出结论是做手术

按照这个原则，这位妈妈便可以决定是接受手术治疗还是传统方案治疗（即两种方案中选一种，可以看成二分类）。如果按照这个原则进行二分类决策，决策会遵循半数以上专家所持的意见；决策失误的前提条件是超过半数以上的专家意见有误。从概率论的角度来看，当专家们之间完全独立时，如果每一个专家判断出错的概率均为 $p$（$p$ 是一个 $0 \sim 1$ 的实数），那么在 $N$ 个专家中，超过半数以上专家出错的概率为

$$\text{Errow}(N) = \sum_{n=\left\lceil \frac{N}{2} \right\rceil}^{N} \binom{N}{n} p^n (1-p)^{N-n}$$

这里 $n$ 从 $\left\lceil \dfrac{N}{2} \right\rceil$（即 $\dfrac{N}{2}$ 向上取整）开始枚举，代表了恰好有 $n$ 个专家出错；$\binom{N}{n}$ 表示从 $N$ 个专家中选取 $n$ 个专家的组合数；后面两项则刻画了这 $n$ 个专家恰

好出错、另 $N–n$ 个专家恰好没出错的概率。全部累加起来就得到了最终投票结果出错的概率。

如果 $p=0.1$（即每位专家有 10% 的概率出错），按照这个公式将最终出错的概率 Error($N$) 随着咨询专家数 $N$ 的变化画出来，如图 20-4 所示。通过这个可视化不难发现，出错的概率随着咨询专家数 $N$ 的增加呈指数级下降。当超过 10 个专家时，最终结论出错的概率就非常小了。这也是 Bagging 框架的一大优势——有足够多的"独立"模型后，最终的效果就会趋于稳定。

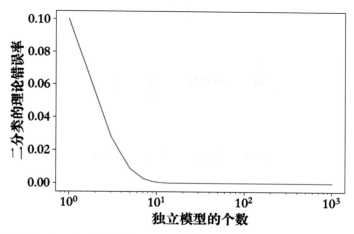

图 20-4　Bagging 框架下，$p=0.1$ 的情况下，理想的出错概率变化图

因此，只要"专家之间相互独立"这个假设成立，这位妈妈利用 Bagging 框架的决策过程是非常直接且有效的。然而，在现实生活中，即使这位妈妈在看诊时特别注意不用前面专家的意见来影响当前专家的判断，"专家之间相互独立"的假设也很难成立：不同的专家很有可能在医学院都学习了同样的教材、师承同一个导师、参与同区域的医学讨论交流会议，有的甚至还在同一个医院工作，因此，这些专家之间的观点不可避免地存在一定的关联性。同样地，在集成学习中，不同的模型在训练时也可能参考了相似甚至一样的训练数据，因此很难保证每个模型的独立性。

## ▶20.3　Boosting 框架：考虑专家可信度加权平均

与 Bagging 框架对应的另一个集成学习的框架名为 Boosting。如图 20-5 所示，在 Boosting 框架中，会根据最近一次训练的模型的预测结果正确与否来调整训练数据的权重——已经学习正确的训练数据的权重会被调低，目前学习错误的训练数据的权重会被调高。Boosting 框架会依次训练 $T$ 个模型——这 $T$ 个机器学习模型的训练之间是相互依赖的，必须训练完前一个才能训练后一个（串行）。具体来说，Boosting 框架会针对目前为止所有训练好的模型的情况，来制定一个新的训练数据集，用于训练下一个模型——这个新的训练数据集会更加强调目前模型们预测不准的那些数据，从而让新训练的模型可以达到查漏补缺的效果。

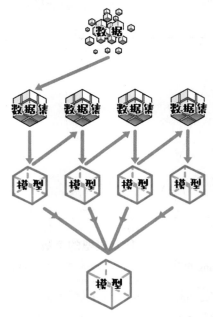

图 20-5 Boosting 框架示意图。每次生成的数据集都根据上一轮模型的预测结果来调整。必须串行

如果这位妈妈利用 Boosting 框架的原理来衡量多位专家的意见，那么这位妈妈对于多位专家意见的综合和衡量过程不再是并行的，而是串行的。整体决策过程虽然仍遵循一人一票、少数服从多数的原则，但是这位妈妈需要根据不同专家的水平（一个专家的水平可以类比一个模型的正确率高低）来进行加权，如图 20-6 所示。例如，通常人们会认为位于更大城市的医院医疗资源更为丰富，这位妈妈可以对位于大城市、大医院的专家的意见予以加权；又如，肛肠科下会有进一步的细分领域，通常人们会认为专家在各自擅长的细分领域更为权威，这位妈妈可以对专攻肛裂研究的专家的意见予以加权。当然，在实际生活中，还有

一种贴近 Boosting 框架的决策过程，那便是专家会诊。通常在面对疑难杂症时，医院会进行专家会诊，专家们会先分享各自的治疗想法，然后专家们一起对不同的治疗方案进行分析，最后进行综合考量。

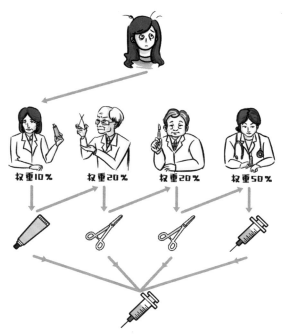

图 20-6　专家不同意见在 Boosting 框架下的决策过程。根据专家的资历和水平，加权后判断应该是打针

　　Boosting 框架的最大优点是，其可以通过不断训练新的数据集，对现有机器学习模型进行完善，生成更为精确的新机器学习模型。这就好比学生们利用错题集来不断学习和巩固自身尚未掌握的知识点的过程。

　　宋老师听完商老师的长篇大论，拍着大腿大笑："你这个计算机科学和医学的结合真地非常有意思呢，下次我要是还有机会见到这位妈妈，我要好好跟她聊一聊，没准她就不再纠结了。"

# 第 21 章　梯度下降：驾驶汽车和登山都用到了导数

这天，商老师的小外甥过生日，亲戚们聚在一起给他庆生。

商老师和小外甥闲聊："最近学习怎么样呀？"

商老师的小外甥今年上高二了，最近数学选修课里在学习导数的相关知识。

小外甥撇嘴道："最近数学课都在讲导数。导数这一节又晦涩又无聊，而且生活中也用不到导数，不知道为什么要花这么多时间学习。"

商老师沉吟了一会说道："谁说导数离生活很遥远呀？你不是喜欢汽车和登山吗，你知不知道，其实驾驶汽车和登山都与导数息息相关。"

小外甥听后立刻来了兴致："是吗？舅舅快给我讲讲吧！"

## ▶ 21.1　一尺之棰，日取其半，万世不竭

**导数**（Derivative）是数学中的概念。从概念上讲，导数描述了实数函数在不同输入值处的"**瞬时**"变化率。导数本身也是一个函数，实数函数指的是定义域（即函数的输入值范围）和值域（即函数的输出值范围）都是实数的函数。具体来说，如果实数函数 $f$ 的输入是 $x$，其输出为实数值 $f(x)$，那么实数函数 $f$ 的导数 $f'(x)$ 也是一个函数，$f'(x)$ 刻画了当实数函数 $f$ 的输入 $x$ 在一个极小范围内变化时，实数函数 $f$ 的输出值即 $f(x)$ 的在 $x$ 处的"**瞬时**"变化率。

这里的"极小范围"属于数学中极限（Limit）的概念——通俗地说，就是 $x$ 附近偏移一个很小很小的、无限接近于 0 的范围。这个无限小的概念，和中国古人"一尺之棰，日取其半，万世不竭"的想法不谋而合——一个一尺长的木棍，每天将它砍成两半并丢掉其中一半，日复一日地这样操作，木棍会越来越短，但依然存在。最终这个木棍的长度就会无限接近于 0。

导数的数学定义可以通过下面的公式来表示。其中 lim 表示极限；$h$ 是一个极小量，无限趋近于 0。

$$f'(x)=\lim_{h\to 0}\frac{f(x+h)-f(x)}{h}$$

这里举一个二次函数的例子来更好地解释导数的定义。假设 $f(x)=x^2$，按照导数的定义

$$f'(x)=\lim_{h\to 0}\frac{f(x+h)-f(x)}{h}=\lim_{h\to 0}\frac{(x+h)^2-x^2}{h}=\lim_{h\to 0}\frac{2x+h^2}{h}=\lim_{h\to 0}2x+h=2x$$

如果代入具体的 $x$ 值，则可以发现 $f'(0)=0$，$f'(1)=2$，…正好和二次函数在 $x$ 处的斜率一致。导数的正负正好描述这个函数是在沿着 $x$ 方向增长还是下降，如图 21-1 所示。

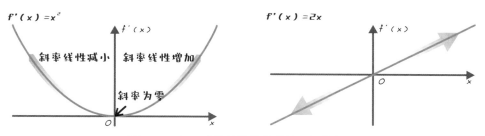

图 21-1　$f(x)=x^2$ 及其导数函数的可视化解释

## ▶21.2　位移、速度、加速度之间的导数关系

在日常生活中，其实有很多概念都和导数密切相关，也有很多常见的物理量之间存在导数关系。例如，位移（Displacement，用 $D$ 表示）随着时间（Time，用 $t$ 表示）的变化量就是速度（Velocity，用 $V$ 表示），即 $V(t)=D'(t)=\lim_{h\to 0}\frac{D(t+h)-D(t)}{h}$，因此速度就是位移在时间维度上的导数，如图 21-2 所示。

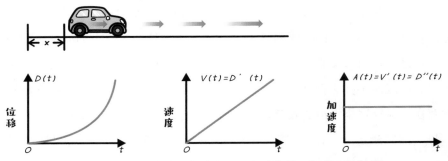

图 21-2　位移、速度、加速度，从左往右是不断求导的过程

由于导数本身也是一个函数，在条件允许的情况下，我们可以定义导数的导数。继续上文的例子，如果对速度继续沿着时间这个维度求导，就可以得到加速度（Acceleration，用 $A$ 表示），即 $A(t)=V'(t)=\lim_{h\to 0}\dfrac{V(t+h)-V(t)}{h}$，如图 21-2 所示。

在数学上，通过一次求导数得到的函数被称为**一阶导数**，通过两次求导数得到的函数被称为**二阶导数**，以此类推。比如速度就是位移的一阶导数，加速度其实就是位移的二阶导数，记为 $A(t)=D''(t)$。

想一想，位移的**三阶导数**（即导数的导数的导数）是什么呢？也就是说，如果对加速度继续求导，人们会得到什么有意义的物理量呢？仔细想一下，不难发现，在驾驶车辆时，人们通过控制油门和制动踏板的位置进行加速和减速，这个过程直接决定了车辆的加速度。也就是说，人们踩油门或者制动踏板的过程是在改变车辆的加速度。其实，人们控制油门和制动踏板的速度，就是加速度在时间维度上的一阶导数，也是速度在时间维度上的二阶导数，同时也是位移在时间维度上的三阶导数。

从这个角度来说，人们驾驶车辆时，本质上是通过加速度的一阶导数来控制车辆行驶的。很多人在不知道导数的具体数学定义的情况下，已经在日常生活中广泛使用并体会了导数这个概念。举个例子，如果需要在很短的时间内（例如 1 秒）将车辆的当前速度改变到目标速度，那么人们会估算目标车速和当前车速的差并除以规定时间，由此人们会得到速度在时间维度上的"一阶导数"，即加速度。如果这个"一阶导数"的值为负数，就需要踩制动踏板减速；如果这个导数为正数，就需要踩油门加速。

具体来说，假设车辆的当前速度为 100 千米 / 小时，车辆需要在 5 秒内改变到目标速度 0 千米 / 小时，则此时加速度的值为 -20 千米 / 小时 / 秒，这就是在规定时间内实现目标速度所需要的加速度。人们便需要踩制动踏板对车辆进行减速。同理，当这个"一阶导数"的值较小时，人们对油门或制动踏板的操作可以缓慢进行；当这个"一阶导数"的值较大时，人们对油门或制动踏板的操作就需要更为及时。

## ▶ 21.3　梯度下降：利用导数寻找最优解

在驾驶汽车的情形中，人们是在主动或非主动地利用导数知识来决定如何控制油门或制动踏板的，也就是在利用导数知识寻求具体问题的"解"。利用导数寻求具体问题的"解"的方法，和计算机科学中的**梯度下降（Gradient Descent）算法**不谋而合。

要理解梯度下降算法，首先要理解梯度下降算法中的**梯度（Gradient）概念**。在现实世界中，计算机科学家在构建机器学习模型时，通常需要设计多个输入变量的复杂函数。例如，在股价预测的机器学习模型中，计算机科学家需要考虑公司多方面的财务数据，比如现金流、每股利润、市盈率等。在这类多变量的复杂函数中，导数的概念就需要被拓展成为梯度。具体来说，在多变量函数的情况下，人们可以假设当其他变量不变时，对每个输入变量 $x_i$ 分别求偏导数（Partial Derative），记为 $\dfrac{\partial f}{\partial x_i}$；然后将这些偏导数按照输入变量的顺序组装成一个向量（Vector），得到梯度 $\left[\dfrac{\partial f}{\partial x_1}, \dfrac{\partial f}{\partial x_2}, ..., \dfrac{\partial f}{\partial x_d}\right]$，这里的 $d$ 表示输入变量的个数。梯度可以看作导数从一维（单一输入变量）到 $d$ 维（$d$ 个输入变量）的拓展。

梯度下降算法是一种经典的通用优化算法。它可以用于**寻找任何可导**（可以计算（偏）导数）**函数的最小值**。梯度下降算法的主要思想是，通过当前输入值对应的梯度的反方向不断地改变输入值，从而通过迭代来持续减小函数的输出值。在机器学习模型的训练过程中，计算机科学家通常会先定义一个损失函数，该损失函数的输入是机器学习模型的参数，即通过数据学习到的一些值，其输出是在训练数据上模型预测值与实际值之间的差异。计算机科学家可以运用梯度下降算法来找到使该损失函数的输出值最小的一组模型参数。简单来说，这意味着机器学习模型的误差最小。

## ▶21.4　登山、高尔夫球中的"梯度下降"

登山其实可以作为一个理解梯度下降算法的生动例子。如果登山人在山上迷路了且没有任何装备，如何才能找到一条下山的路？从上帝视角出发，如图 21-3 所示，用梯度下降算法的语言来描述这个问题：如果已知登山人的当前位置的经纬度坐标 $x$、$y$，存在一个海拔函数 $f(x, y)$ 可以准确地知晓登山人当前位置的高度；登山人初始位置坐标是 $x_{初始位置}$、$y_{初始位置}$；"目标"是找到一个"解"，使得 $f(x_{目标位置}, y_{目标位置})=0$。登山人下山的过程，就是寻找"解"的过程。

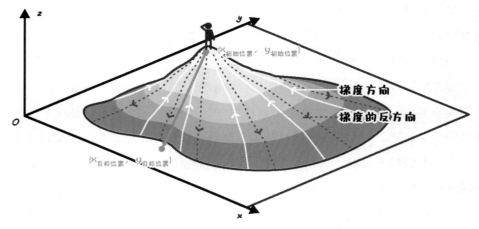

图 21-3　登山人下山的等高线地图示意图

由于登山人并没有上帝视角，所以其在寻找"解"的过程中，只能根据当前位置附近的局部信息来做决策。最简单直观的方法之一是不停地向更低的地方前进，以期望走到山脚。具体来说，登山人在初始位置时，可以环顾四周，找到一个高度下降最明显的方向（即梯度的反方向）。通过梯度可以决定前进的方向，但是登山人同时还需要决定每次应该前进多远，也就是步长，这就需要结合梯度下降算法中的**学习率**（**Learning Rate**）来做决策。在计算机科学中，学习率指的是梯度下降算法每次迭代的步长。通俗地说，就是算法新学习的知识在多大程度上能够替代现有的知识。学习率通常是一个 0～1 之间的小数，需要科研人员确定。这种需要人为确定、而非从数据中学习的值，被称为超参数（Hyperparameter）。在梯度下降算法迭代时，科研人员给定的学习率不能太小，否则无法实现算法优化的效果。举一个通俗的例子，如图 21-4 所示，这就像打高尔夫球时力度过小，高尔夫球就会在原地打转。科研人员给定的学习率也不能太大，否则容易过冲（overshoot），导致算法优化效率不高甚至走向错误的方向。这就好比打高尔夫球时的力度过大，会将球打到离洞口更远的地方。因此，合适的学习率非常重要，它可以帮助梯度下降算法快速地找到最小损失函数。同理，合适的步长也能快速地帮助登山人到达山脚。

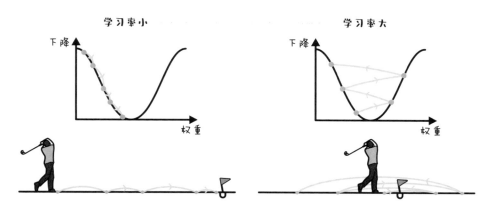

图 21-4　梯度下降算法的示意图。左图使用了较小的学习率，右图使用了一个过大的学习率。过大的学习率就类似于高尔夫球最后一杆过冲的情况

小外甥听到这，皱着眉头说："你这么一说，导数的知识倒是生动了不少，但是导数还是挺难学的。"

商老师点点头表示认可："导数确实是抽象了些，这也是因为许多需要利用导数知识解决的问题本身就是非常困难的。你知道吗，即使登山人选择了正确的前进方向和合理步长，并且按照既定策略执行，登山人也未必能到达山脚。"

小外甥被勾起了好奇心："为什么？"

登山人没有上帝视角，所以登山人每次做决策都只能根据当前位置环顾四周，按照梯度的负方向前行。利用局部信息来做决策，可想而知，登山人难免会遇到考虑不周的情况，从而局限于一个局部最优解——峡谷。当登山人所在的山脉是单峰时，按照这个策略，登山人就一定能走到（全局）最低点，即山脚；但当登山人所在的山脉有好几个不同的山峰时，如图 21-5 所示，登山人按照这个策略，其实只能走到一个局部最低点。因此，梯度下降法通常没有办法保证能找到全局最优解。这也是复杂的机器学习，尤其是深度学习模型的优化通常非常困难的原因。

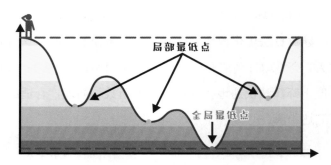

图 21-5    全局最优解 vs. 局部最优解

小外甥大呼："确实很困难呢，看来我首先得把导数学好了。导数学好都不一定能解决这些问题，更别说不懂导数知识了！"

# 第 22 章　朴素贝叶斯：
# 为什么我的邮件被识别为
# 垃圾邮件

商老师的堂哥是一家知名大公司的销售，每天要与客户通过电子邮件交流，发送货品和报价等信息。然而，堂哥最近与一个潜在大客户的邮件交流总是遇到问题。

这天，堂哥在商老师家聚餐时接到潜在大客户的电话，对方询问为何还未收到报价邮件。堂哥感到委屈，声称自己几天前已发送了邮件。潜在大客户在垃圾邮件中找到了堂哥的邮件。

堂哥无奈地向商老师抱怨："这种情况发生了好几次了，我实在不明白为什么！"

商老师思索片刻："你的邮件可能被垃圾邮件检测系统当作垃圾邮件了。如果我们聊一下垃圾邮件是如何被识别的，或许可以找出你的邮件被垃圾邮件检测系统认定为垃圾邮件的原因。"

## ▶ 22.1　垃圾邮件中的关键词

垃圾邮件是如何被识别的呢？简单来说，垃圾邮件的识别是根据其中的关键词进行的。邮件中包含的某些关键词具有明显的垃圾邮件特征，比如中奖通知、免费、巨额优惠等，如图 22-1 所示；同时，邮件中也含有一些非常正式的敬语，如此致敬礼、顺颂商祺等。因此，最简单的垃圾邮件识别方法是通过预先设定的关键词表，来判断一个邮件中垃圾邮件特征的关键词是否足够多，以及是否超过了正常邮件特征的关键词数量，从而简单判断该邮件是否为垃圾邮件。

图 22-1　中奖通知、免费、巨额优惠等词语非常容易被识别为垃圾邮件

　　传统的关键词表通常是由一些人类专家根据以往的经验总结的。人工维护和更新传统的关键词表费时费力，很难与时俱进。因此，计算机科学家们发明了一种自动构建与时俱进的关键词表的算法——在机器学习中，最经典的自动识别垃圾邮件的方法是**朴素贝叶斯（Naive Bayes）算法**。当一种新型垃圾邮件出现后，如果用户已经帮助归类了一部分这样的邮件，朴素贝叶斯算法可以实现动态更新和添加关键词表。

## ▶ 22.2　关键词分类背后的朴素贝叶斯算法

　　朴素贝叶斯算法是一种利用多个离散变量（Discrete Variable）基于**概率论**（**Probability Theory**）进行分类的算法。所谓离散变量，就是变量值只有几个固定选择的变量。例如，一个大学本科生的年级通常只能是大一、大二、大三、大四，那么这四个年级就是离散变量。在垃圾邮件识别的情境中，离散变量可以设定为每一具体的关键词是否在该邮件中出现了。这样每一个变量就对应一个具体的关键词；这些离散变量的值是二元的，即"出现了"和"没出现"两种情况。

在设计离散变量时，计算机科学家会假设邮件中的文本是一些词的集合，即与词本身出现的顺序无关，并且这些词出现的次数与是否为垃圾邮件的关系不大——重要的是这些关键词是否在邮件中出现。

从概率论的角度出发，垃圾邮件分类是在估计 $P(Y=$ 垃圾邮件 $|A, B, C, \cdots)$ 的后验概率（Posterior Probability）。从概率论的角度来解读这个公式 ——$P$ 表示概率，符号 | 前面的内容表示待研究的变量，符号 | 后面的内容表示给定的变量。后验概率是指在观测到符号 | 后面变量的取值后，去检验符号 | 前面变量的概率分布。在垃圾邮件这个例子中，$Y$ 本身也是一个离散变量，变量值为 "当前邮件是垃圾邮件" 或 "当前邮件不是垃圾邮件" 两种；$A$ 也是离散变量，其变量值为 "关键词 $A$ 在当前邮件中出现" 或者 "关键词 $A$ 在当前邮件中不出现" 两种，以此类推。由于当前邮件是给定的，所以 $A, B, C, \cdots$ 的取值（即出现或者不出现）是固定的，因此通常不在公式中写出 $A$、$B$、$C$ 等具体等于多少。

概率论中有一个重要的定理叫**贝叶斯定理**：$P(A|B) = \dfrac{P(B|A)P(A)}{P(B)}$。通常情况下，变量 $A$ 在变量 $B$ 的值给定的情况下的概率分布，不同于变量 $B$ 在变量 $A$ 的值给定的情况下的概率分布，但却有数学上的相关性，贝叶斯定理就描述了这一相关性。运用这个定理，人们就可以间接地（只需要知道 $P(B|A)$、$P(A)$、$P(B)$）去定量理解 $P(A|B)$ 这个条件概率。这对 $P(A|B)$ 无法直接观测的现实问题具有很大的意义。在垃圾邮件例子中，$P(Y=$ 垃圾邮件 $|A, B, C, \cdots)$ 可以改写为

$$P(Y= \text{垃圾邮件} |A, B, C, \cdots) = \frac{P(A, B, C, \cdots |Y= \text{垃圾邮件})P(Y= \text{垃圾邮件})}{P(A, B, C, \cdots)}$$

分母 $P(A, B, C, \cdots)$ 本身是一个归一项常数，完全由已经给定了的 $A, B, C, \cdots$ 的取值决定，因此不必计较。因此只需要关心分子 $P(A, B, C, \cdots |Y=$ 垃圾邮件 $)P(Y=$ 垃圾邮件 $)$ 的大小。通过比较这个值和 $P(A, B, C, \cdots |Y=$ 正常邮件 $)P(Y=$ 正常邮件 $)$ 的值，就可以判断该邮件有多大的概率是垃圾邮件。

但是要进一步简化这个式子，就需要再对 $P(A, B, C, \cdots |Y)$ 进行化简。而这就需要进一步的假设。**朴素贝叶斯假设**（**Naive Bayes Assumption**）应运而生——$P(A, B, C, \cdots |Y)=P(A|Y)P(B|Y)P(C|Y)\cdots$，即当邮件的类别给定时，任意两个关键词在该邮件中出现与否的概率是独立的。基于这个假设，

$$P(Y= 垃圾邮件 \,|A, B, C, \cdots) \propto P(A, B, C, \cdots|Y= 垃圾邮件 )P(Y= 垃圾邮件 )$$
$$=P(A|Y= 垃圾邮件 )P(B|Y= 垃圾邮件 )P(C|Y= 垃圾邮件 )\cdots P(Y= 垃圾邮件 )$$

朴素贝叶斯算法的核心是估计所有 $P(X|Y)$，这里 $X$ 可以选取所有的关键词，$Y$ 可以选取是否为垃圾邮件。这些值的估计可以通过**极大似然估计（Maximum Likelihood Estimation，MLE**）来计算。简单来说就是**数数（Counting**）——统计 $X$ 在垃圾邮件中出现的次数和未出现的次数，以及在正常邮件中出现的次数和未出现的次数。还需要知道垃圾邮件的总数和正常邮件的总数。通过计算对应的比例，就可以算出 $P(X|Y)$ 和 $P(Y)$。运用这些概率，就可以判断哪些词更具有垃圾邮件导向性了。

当然，统计算法本身需要有大量经过人工标记的垃圾邮件和正常邮件作为基础。实际上，用户在使用邮箱时也为垃圾邮件检测这一事业提供了更多数据。

## ▶ 22.3  元数据也是垃圾邮件分类的重要依据

朴素贝叶斯算法可以很好地构建与时俱进的关键词表，但垃圾邮件分类通常不仅考虑邮件内容本身，其他**元数据（Metadata**）也很重要。元数据另一个形象的名字是"描述数据的数据"，主要用来描述数据的具体属性。

在发送邮件的过程中，除了邮件文本本身，整个邮件的数据包还包括许多其他信息，例如最常见的发件人地址、收件人地址、发送时间、附件等。此外，还有一些重要的信息，例如发件人的 IP 地址和发件人实际使用的邮箱地址。这些元数据可以帮助垃圾邮件检测系统提高垃圾邮件检查的准确率和效果。例如，垃圾邮件检测系统会考虑邮件发件人的邮箱地址。通常情况下，如果邮件发件人的邮箱地址是一串乱码般的数字和字母组合，那么该邮件更有可能是垃圾邮件，因为大多数正常的邮箱地址都是一些常见的单词和简单的数字组合。另外，如果邮件的实际发送者与邮件正文下的署名发送者不一致，那么该邮件被认为是垃圾邮件的可能性就会大大增加。

多数垃圾邮件检测系统便是结合朴素贝叶斯算法下的关键词表和这些元数据来工作的。设计精妙的垃圾邮件检测系统的识别准确率会更高，也更不容易将正常的邮件识别为垃圾邮件。

## ▶ 22.4 如何避免正常邮件被误分为垃圾邮件

堂哥听罢嘀咕着："那我估摸着可能是我的邮件正文里提到了'巨额优惠'这类词，触发了关键词表。"

商老师表示赞同："这是很有可能的。"

堂哥又嘀咕道："但是有时候我的邮件正文没有涉及这类关键词，我的邮件也被识别成垃圾邮件了，是不是这位客户公司使用的垃圾邮件检测系统还不够智能，所以总是把我的邮件错误识别成垃圾邮件？"

商老师点点头："是有这个可能。但是除了垃圾邮件检测系统本身，收件人和发件人也可以做一些努力。从收件人的角度来看，为了不让重要邮件进入垃圾邮箱，可以预先设置白名单。同时，如果发现自己觉得重要的邮件不幸进入了垃圾邮箱，应该及时将该邮件移出垃圾邮箱或者点击"信任"这类按钮（如图 22-2 所示）；当发现收件箱里有垃圾邮件时，也应该及时将该邮件移入垃圾邮箱。这样可以为垃圾邮件检查的模型提供更准确的更新的训练数据。从发件人的角度来看，发件人需要从邮件的内容和格式做起，并选取合适的发件地址，不要随意采用大规模群发的方式，这样可以很大程度地减少自己的邮件被识别为垃圾邮件的可能性。"

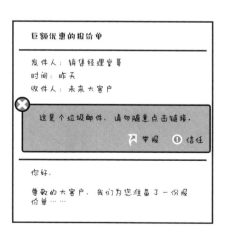

图 22-2　当重要邮件被错误识别为垃圾邮件后，应该点击"信任"这类按钮来告诉邮箱，这些邮件不是垃圾邮件，以保证邮箱未来进行更准确的分类

堂哥拿起手机："我现在要赶快打电话让我这位潜在客户把我的邮箱地址设置成白名单！"

第 5 篇

生活中的
智能系统

# 第23章　个体与系统的博弈: 外卖骑手的困局

赵律师有个学妹去做公益律师了，致力于农民工法律援助。学妹及其同事带着一个外卖骑手维权的故事去《一席》做了一场演讲。学妹邀请赵律师和商老师去看演讲，看完演讲后，赵律师和商老师内心五味杂陈。学妹演讲完和赵律师、商老师一起吃夜宵，三人不由自主地又聊起了学妹的演讲，学妹感叹了一句："还记得《人物》里那篇《外卖骑手，困在系统里》吗？人工智能发展到今天，毫无疑问给人们提供了巨大的便利，可是又束缚了多少像外卖骑手（以下简称'骑手'）这样的人的生活啊！"

商老师想了一会儿，说道："其实困住骑手的并不只是平台这个系统，骑手们也被困在了社会这个系统里，在平台、用户和自己博弈的夹缝中生存。"

## ▶ 23.1　博弈论的概念

**博弈论**，英文叫 Game Theory。从名字来看，好像是一个打游戏的理论，其实博弈论和游戏确实有一定的相关性。在博弈论中，人们需要定义一个"游戏"和所有参与它的"玩家"，并将各个"玩家"在这个"游戏"中的目标量化。在这个量化的过程中，人们会用到一系列公式，其中最重要的就是**效用函数**（Utility Function）。效用函数源自微观经济学的概念，是指消费者对商品或者服务的满意度。在博弈论中，效用函数主要用来描述在"游戏"的某一个局面下，"玩家"

达成了多少"游戏"中的目标。在通常情况下，当研究博弈论时，我们往往假设这些"玩家"都足够聪明，且能够基于他们能获取的信息，做出一个"最优"的决策。所以，博弈论也被称为决策论。关于博弈论，也可以参考第 6 章的介绍。

博弈论的奠基人之一正是现代计算机之父约翰·冯·诺依曼。从计算机科学的角度看，博弈论可以被应用到很多不同的场景，比如说用来指导互联网平台上的搜索广告的拍卖、定价等。

在博弈论中，有一类博弈是发生在多个个体"玩家"和一个系统"玩家"之间的。每个个体和系统之间的目标通常不一样，也就是说，其各自的效用函数不一致。当博弈发生时，个体之间是否有协同作战、系统是否考虑个体之间的差异，将对博弈的结果产生巨大的影响。

## ▶ 23.2　外卖平台中的博弈

在骑手的例子中，"游戏"的核心其实就是外卖订购和外卖配送，大致可以分为以下几个环节：

（1）用户在外卖平台上选定餐厅和具体的菜肴，下单。

（2）餐厅接单，估计备餐所需要的时间。

（3）平台指派骑手，规划路线，并估计送达时间。

（4）骑手按照平台的派单，尽快将外卖送到用户手中。

（5）用户在骑手送达订单后，点击"已送达"按钮通知平台。

从博弈论的角度来说，这个"游戏"中其实存在四类主要"玩家"：骑手、用户、餐厅和平台。为了简化问题，此处假设餐厅永远可以准时出餐，无须将餐厅纳入此处的讨论。每一个个体（骑手、用户）都直接参与"游戏"，并与外卖平台这个系统进行交互来优化各自的目标。系统和个体之间的效用函数不同，因此其行为出发点也会各不相同；同时，系统和个体的行为又会进一步相互影响。为了便于理解，如图 23-1 所示，我们将简化各方的效用函数，将这个框架下各方的目标定义为：

● 用户：希望订单可以按照预计送达时间准时送达，甚至能够提前送达。

● 平台：希望在单位时间内完成更多的订单，保证用户满意度和黏性的同时降低成本、增加平台的收入。

● 骑手：希望在工作时间内配送更多的订单，以增加自己的收入。

图 23-1　三方的效用函数

## ▶23.3　博弈的初衷是"三赢"

用户、平台和骑手在各自效用函数的驱动下，在这个"外卖游戏"中进行博弈。整个博弈的过程，可以理解为在很长的一段时间内，各方为了优化自己的目标，做出对应的决策，并相互影响各自决策、行为以及收益的过程。

在整个流程中，有非常重要的一环连接着用户、平台和骑手的博弈——**平台是否能准确地估计配送的时间**，包括从骑手当前位置到餐厅所需的时间，以及从餐厅到用户的地址所需的时间。在理想的状态下，配送时间的预估会在平台不断积累数据的过程中被算法不断优化。当这个预估时间能够无比精确时，平台就可以通过一些优化算法来调配骑手，从而提高整体的配送效率，达到三方共赢的局面。

平台在建立之初会怎么制定"外卖游戏"的规则呢？受限于数据量不足的情况，配送时间一般可以简单地通过地图导航来预计。结合地图导航和骑手配送的路线、速度、当前的路况等信息，算法可以预估一个配送时间。平台可能会给这个估计的时间加 10% 左右的缓冲，以保证大部分订单可以准时送达。这样一来，用户不会因为过高的期望而对平台失望。同时，为了鼓励骑手尽快送达，平台还会为配送超时设定惩罚，为提前配送设定奖励。

对于一个这样的"外卖游戏"，骑手又会如何为自己争取利益呢？为了获得更多的奖励、尽量避免惩罚，骑手们自然会发挥主观能动性，开动脑筋去优化自己的配送时间。例如，如图 23-2 所示，在配送的过程中，骑手可能会发现某个小区有一个侧门，从侧门进入小区比从正门进入小区要节省时间，那么骑手接下来的每次配送都会选择从这个侧门进入，相应地，骑手的配送时间就会比平台预计的配送时间提前。

图 23-2　骑手的主观能动性

　　骑手的行为和平台算法之间是紧密连接的。平台算法会激发骑手的主观能动性，同时，骑手们的行为又为平台算法优化提供了大量的数据支持。这种紧密连接看似构成了一个和谐的生态系统，但其实背后也有巨大的隐患。

## ▶ 23.4　算法的"智能"会打破博弈的平衡

　　平台其实是很聪明的。当不断地有骑手优化自己的配送路线、节省配送时间、获得平台奖励时，平台就会意识到自己现有算法的不足。在逐利的驱动下，平台势必会通过积累的训练数据进一步优化算法。在上文的例子里，当平台发现大多数骑手向某小区配送的时间都比平台预计的配送时间提前时，算法就会缩短预计的配送时间。从数据科学的角度来看，骑手在无形之中给平台提供了海量的配送时间的数据，这些数据将会进一步优化算法模型，并进一步优化平台的决策。反过来，在新的算法模型下，配送该小区的骑手就会渐渐发现，自己原来向该小区配送可以比平台预计的配送时间提前，但是现在只能勉强卡点送达；当遇到特殊情况时，比如小区侧门关闭，配送就会超时。配送时间的压缩，意味着骑手获得奖励的机会越来越少，与此同时，这意味着超时的可能性越来越大，被惩罚的风险越来越高。

　　在《外卖骑手，困在系统里》的文章里，我们可以了解到，有的算法模型甚至会激进地只考虑取餐点和送餐点之间的直线距离。随着算法模型越来越"智能"，预计配送时间会被进一步压缩，骑手们为了生存，往往会陷入一个无从选择的困境——他们需要跟算法抢时间。这也是为什么人们看到很多骑手不得已选择逆行、闯红灯来缩短自己的配送时间。为了抢赢算法，骑手们只能被迫降低自身的安全性。

而在骑手和算法抢时间的同时，这些数据又会被反馈到平台。算法模型无从知晓骑手经历过什么，当大多数骑手可以在被压缩的配送时间内完成配送时，算法模型就会误认为模型是准确、可靠的，并且存在可以进一步压缩的空间。

此时，博弈各方之间的平衡就已被打破：①平台通过收集的数据不断地优化预计配送时间，预计配送时间会一次又一次地被压缩。平台期望骑手能尽快完成配送；期待预计的配送时间与骑手实际的配送时间最大化匹配，从而降低平台的成本，减少平台支付的奖励，将收益最大化；②骑手们会逐渐发现自己获得奖励的机会越来越少，甚至如果不逆行、不闯红灯都无法在规定的时间内完成配送。

当然，在这种博弈中，还有一个重要的"玩家"，即平台的用户。有些时候，骑手们的确会在做决策时把用户考虑进来。

商老师问学妹："你有没有接到过骑手的电话，说自己还有5分钟就能送餐，请您先提前点一个'已送达'，这样自己就不用被平台惩罚了？"

学妹点点头。

此时，用户是作为一个重要因素参与骑手的这个决策的。大多数的用户此时都能理解骑手并配合骑手的要求。在这个新的决策中，骑手在当前的订单里会获得额外的收益——避免了超时送达的惩罚，还有可能会获得提前送达的奖励，如图 23-3 所示。

图 23-3　平台算法从骑手的行为中学习到新的路线，优化了预计到达时间。骑手想尽办法、
用户"帮助"骑手，最终"按时"送达

博弈中的每个"玩家"都会对博弈的结果产生影响。用户的这一行为，从眼前的角度来看是帮助了骑手，但从长远的角度而言，未必如此。在用户的帮助下，骑手原本无法按时送达的订单在预估的时间内送达了，这种"超前"的送达会让平台和算法产生一种错觉。如图 23-4 所示，随着平台慢慢积累和收集这类过于乐观的配送时间数据，平台毫无疑问地会进一步优化算法模型，进一步压缩预计的配送时间，导致按时配送会成为一个越来越不可能完成的任务。这样发展下去，博弈将会越来越不平衡，最终形成一个三输的局面：①平台为用户呈现了过于乐观的预计配送时间，用户满意率下降；②骑手疲于奔命，危险倍增，却无法准时配送，也无法保证自己的收益；③用户永远无法准时收到外卖。

图 23-4 随着"按时"送达的数据越来越多，平台的估计越来越激进，骑手却越来越疲惫。按时配送变成了一个不可能完成的任务

## ▶23.5 个体之间的团结有利于博弈的平衡

博弈时个体之间是否有协同作战也会在很大程度上影响博弈的结果。在理想状态下，如果所有的骑手都能按照力所能及的速度配送，那么平台能积累到更可靠的预计配送时间数据，博弈的结果自然也会不同。

学妹听完思考片刻后说："可是在这场博弈中，各方的初始地位就是不平衡的。骑手迫于生计，几乎没有任何议价能力；平台为了逐利，可以居高临下地把风险和成本都最大化地转嫁给骑手。骑手的困局让人非常失落，也让我忍不住去怀疑算法和人工智能究竟是在帮助人类还是在束缚人类。"

商老师安慰道："没错，尤其在这个博弈中，规则在很大程度上是由平台这个'玩家'设定的。这也是为什么社会不仅仅需要像你这样的公益律师来发声，也需要计算机科学家来研究博弈论。我们研究、学习博弈论的终极目标应该是辅助人类，而不是制造对立和不平等。当我们深入地了解了博弈论的原理后，我们不仅可以运用博弈论来模拟和预见各方博弈后可能的结果，还可以为'系统'设计一套更合理的效用函数，使得博弈中的'系统'和'个体'能够处于一种相对'势均力敌'的地位，达到一种相对平衡的博弈状态。"

# 第 24 章　搜索引擎：
# 孕妇到底能不能吃螃蟹

　　商老师的堂姐最近怀孕了，由于是第一次怀孕，堂姐事事小心翼翼。在一次商老师和堂姐一家的聚餐中（如图24-1所示），堂姐望着饭桌上自己最爱的螃蟹，叹了口气说："孕妇到底能不能吃螃蟹啊？我在搜索引擎中搜索'孕妇不能吃螃蟹吗？'，搜索出来的结果都说螃蟹寒凉，可能导致流产；但有时候我不死心，搜索'孕妇能吃螃蟹吗？'，结果又说螃蟹是一种优质蛋白，不应该限制孕妇摄入这种优质蛋白。我都快被搜索引擎弄晕了。"

图 24-1　一家人边吃饭边讨论"孕妇到底能不能吃螃蟹"

商老师笑笑："要得到好的搜索结果，搜索关键词的设计很重要。我们不妨借此机会聊一聊搜索技术和搜索引擎的知识吧。"

**搜索引擎**（**Search Engine**）是人们日常生活中经常要使用的工具。人们在搜索引擎中输入的问题、词组等都是用户对搜索引擎进行的查询；搜索引擎的背后是海量的文档，搜索引擎会根据用户输入的查询将相关文档逐一显示给用户。搜索引擎的核心在于如何计算用户输入的查询（Query）与文档（Document）之间的相关程度（Relevance），并根据相关程度对查询和文档进行匹配。由于搜索引擎呈现的通常是一个文档的排序列表，因此计算出来的相关程度的绝对值并不重要，重要的是这些结果之间的相对大小关系。

## ▶ 24.1 早期搜索引擎：看字面相似度

早期的搜索引擎在计算相似度时，主要停留在**字符串匹配的层面上**（**Lexical Level**）。最常见的计算模式是通过关键词的匹配程度进行检索，即将用户输入的查询同文本中的关键词进行匹配。无论是用户输入的查询还是文档，都可以看作一个文本（Text）。在计算机中，一段文本会被编码成一个字符串（String），每一个字符（Character）本质上都是一个整数数字。在编码表中（比如英文常见的是 ASCII 编码，中文常见的是国标编码和 UTF 编码等），这个整数数字又对应了一个具体的符号。

### 1. 第一步：让计算机理解"词"并找到关键词

为了让计算机更好地理解文本并找到文本中的关键词，计算机科学家首先需要让计算机理解"词"的概念。**分词**（**Tokenization/Segmentation**）**算法和关键词提取**（**Keyword Extraction**）**算法**应运而生。如图 24-2 所示，这些算法会将文本切割成若干段，每一段文本一般是一个字或者一个词，然后再通过一些基于大数据的统计规则，这些算法能够找到相关文本的一些关键词。如果同一个字或词在当前文本中出现的频率达到一个阈值，这个字或词便会被考虑为当前文本的关键词。同时，当前文档会与全网的文档进行比较，当前文档和全网文档中都重复出现的字或词，如"的""吗"或者一些标点符号等，会被排除在外。简单来说，当前文档中重复出现且不是所有文档都需要使用的停用词、标点符号等词，才会被计算机认为是当前文档中具有可分析意义的"词"，也就是关键词。

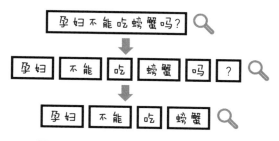

图 24-2　搜索查询的分词和关键词提取

## 2. 第二步：计算当前文档和用户输入的相关程度

找到当前文本中的关键词后，计算机下一步需要计算当前文档中的关键词和用户输入的查询之间的相似度。在基于关键词的相似匹配度的计算算法中，最广为流传和使用的算法基本都沿用了 **TF-IDF 框架**。TF 是词频（Term Frequency）的缩写；IDF 是逆文本频率指数（Inverse Document Frequency）的缩写。词频用来衡量当前文档中词出现的频率，运用 TF 主要是为了给文档中词频高的词赋予更高的权重；逆文本频率指数用来衡量一个词在全网多少个不同的文档中出现了，运用 IDF 主要是为了给全网的稀有词赋予更高的权重。

在综合考虑 TF 和 IDF 的情况下，权重最高的词通常就是当前文档中相对稀有且相对高频的词。如此一来，计算机会认为当前文档中**相对稀有且相对高频**的词便是当前文档的关键内容。通过权重和关键词的匹配，搜索引擎可以计算用户输入的查询和文档之间的相关程度。通过这些相似度值，搜索引擎会对全网文档进行排序，从而呈现最终的搜索结果列表。如果查询完全没有包含文档中的任何一个关键词，那么两者在字符串匹配层面上的相关程度就一定为 0，这样便会出现用户搜索不到任何想要查询的结果的情况，这背后其实是因为用户输入的查询和文档之间没有匹配上。因此，早期的搜索引擎要求用户在查询的必须准确地输入关键词，即必须在字符串层面上一模一样，早期的搜索引擎才能检索到对应的文档或网页。如果差了一个字，或者写了一个错别字，那么搜索结果有时候会非常离谱。

## 3. 第三步：快速呈现搜索结果

相关程度计算的准确与否很大程度上决定了搜索引擎结果的质量高低，同时，搜索引擎还需要考虑效率问题。当潜在文档的数量非常大，比如有百万、千万、甚至上亿的文档时，如何快速地缩小搜索范围，找到真正可能相关的文档，也同样至关重要。

从字符串匹配层面上看，相关程度不为 0 的文档和用户输入的查询之间一定会同时拥有一个关键词。因此可以通过**倒排索引表（Inverted Index）**来对相关程度不为 0 的文档进行快速定位，如图 24-3 所示。具体来说，对于所有给定的待查询文档，搜索引擎会先尝试找到每个文档中的关键词，再使用这些关键词作为键值（Key），来索引（Index）这些文档的编号。这样一来，当搜索引擎收到用户的查询后，就可以通过查询中提到的关键词，在倒排索引表中检查是否有文档提到了这个关键词；如果有，则将所有相关文档都整合起来作为潜在的相关文档集合，再统一计算相关程度即可。倒排索引表非常容易被并行（Parallel）和分布式（Distributed）计算，因此搜索引擎的工作效率可以非常高，通常远远不到 1 秒钟，搜索结果就能呈现出来。

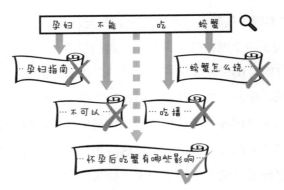

图 24-3    倒查表举例。早期搜索引擎可能会因为一些用户输入的或者文档中的错别字、同义词等，而无法找到最相关的文档

## ▶ 24.2    现代搜索引擎：从字面到语义

与早期搜索引擎相比，现代搜索引擎已经可以完成很多模糊的语义匹配了。在现代搜索引擎下，用户不再被苛刻地要求输入的查询必须和关键词完全一致。完成模糊匹配的主要工具有两个：

（1）**关键词联想（Keyword Augmentation）**，顾名思义，现代搜索引擎会对用户输入的查询进行扩写，将与用户输入的查询相关或者同义的关键词加入查询中。这样一来，原本无法通过倒排索引表找到的文档就有可能被找到了。

这些扩写通常是通过一些同义词表和海量用户搜索记录中发现的强相关的词来完成的。

（2）超越字符串匹配的层面，在语义空间（Semantic Space）中通过查询和文档对应的**向量**（**Embedding/Vector**）进行相关程度的计算，如图24-4所示。最近很火的大语言模型便是一类可以将文本转化为语义空间中的向量的工具。两段文本可以在每个字都不一样的情况下，转化后的向量相似度极高。相较于基于字符串匹配的方法，这一类方法的特点就是精确度更高，但是计算开销更大，效率更低。

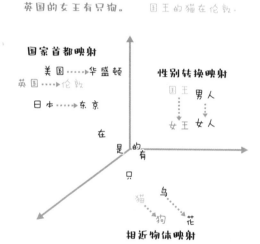

图 24-4　语义空间举例。现代的语义空间向量已经可以将语义相同、相近的词都映射到很近的位置，并且可以保留一定的相对关系

人们日常生活中使用的搜索引擎通常按照"召回、粗排、精排"这样的漏斗式（Funnel）过滤、逐步求精的模式设计，如图24-5所示。

（1）召回阶段，搜索引擎往往使用类似早期搜索引擎中倒排索引表的技术，通过简单的关键词匹配和关键词联想来快速初步确定相关文档的范围。

（2）粗排阶段，搜索引擎一般会使用一个相对较快的方法来粗略地计算搜索查询和所有潜在相关文档的相关性，并进行排序，得到粗排的结果。

（3）精排阶段，搜索引擎会调用一个相对复杂但精确度更高的模型，通常是一个深度神经网络模型，来计算搜索查询和粗排结果中排名靠前的100个文档的相关性，并进行排序，从而得到最终的搜索结果。

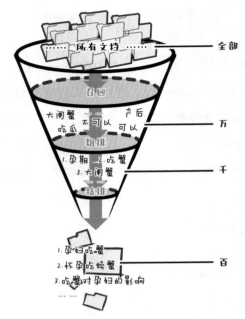

图 24-5　漏斗式的搜索引擎结果过滤示意图

在漏斗式模式下，召回阶段和粗排阶段是为了保证可能相关的文档都能被保留下来，这一保留的比例被称为**召回率（Recall）**。精排阶段是为了保证真正相关的文档能够被排到搜索结果的最前面。

搜索引擎的普及大大降低了人们信息检索的代价，但同时也让一些让人有了钻空子的想法。有一些别有用心的人会制造一些网页，故意将很多热门关键词放在页面中，同时堆放很多广告，以此来引导用户流量进入这个网页，然后进一步创造收入。为了过滤掉这些故意引流的网站，搜索引擎需要花费很多功夫来甄别、筛选可信的网页。谷歌（Google）公司的创始人拉里佩奇（Larry Page）在他读博士期间提出了 PageRank 的概念，就是这一"可信"目标的雏形。

## ▶ 24.3　搜索关键词的设计

堂姐细细听完商老师的讲解后问道："那我理解了。当我搜索'孕妇不能吃螃蟹吗'时，这个查询中的'不能'也作为搜索引擎的关键词，所以搜索到的排在前面的结果会显示孕妇不能吃螃蟹；而当我搜索'孕妇能吃螃蟹吗'时，这个查询中的'能'会作为搜索引擎中的关键词，所以搜索到的排在前面的结果会显示孕妇能吃螃蟹，对吗？"

商老师赞许地点点头："看来你理解了。"

堂姐继续发问："其实我搜索的时候像'吗'和问号都不用输入，因为它们其实是计算机认为没有分析意义的'词'，对吧？"

商老师说道："没错。使用搜索引擎时最重要的一点是，确保查询中的关键词能够帮助搜索引擎更准确地定位相关文档。所以，在搜索时，首先要选择常用的词语，这样文档中包含这个词语的概率就会更高，搜索引擎也更容易给出相关的联想词。同时，由于搜索引擎的分词和关键词提取不一定准确，用户可以通过插入额外的空格来帮助分词和关键词抽取；用户也可以避免输入停用词，因为这些词对搜索结果几乎没有影响。最后，用户应尽量提供更多的关键词，以帮助搜索引擎在排名阶段更准确地计算相关程度。"

堂姐若有所思："所以我输入的内容可以考虑'孕妇 螃蟹'。"

商老师表示赞同："这是一个不错的查询设计，你也可以再想想有没有别的查询设计，然后再看看搜索结果会不会有不同呢。"

# 第 25 章　同温层效应：为什么我的 App 内容越来越同质化

商老师的外甥女前段时间迷上了一位"小鲜肉"，每天都捧着手机刷小红书和抖音，研究"小鲜肉"的各种喜好，然后对着手机犯花痴傻笑。不承想，过了几日，外甥女又对别的事物着了迷，可是每次一打开 App，看到的都是"小鲜肉"的内容，如图 25-1 所示。外甥女仰天长叹："怎么打开 App 又是他呀，我最近不想再看见他了！"

图 25-1　外甥女手机上的 App 被"小鲜肉"霸屏

商老师碰巧看到了这一幕，忍不住笑着说："这是因为你之前一直在 App 里研究'小鲜肉'呀，你的 App 里内容越来越同质化了。"

外甥女一脸好奇："那怎么样才能避免这种同质化呢？"

商老师说道："这就得聊聊个性化推荐系统了。"

**个性化推荐系统**（**Personalized Recommender System**）是指系统根据用户的行为习惯和兴趣特点向用户个性化推荐内容。在人们日常使用的 App 中，个性化推荐系统几乎随处可见——搜索、短视频、社交、购物、信息流，凡是涉及需要评估用户对内容的喜爱程度的场景，都需要用到个性化推荐系统。

## ▶ 25.1 协同过滤：相似的用户喜欢相似的内容

早期的个性化推荐系统主要是基于协同过滤（Collaborative Filtering）的。协同过滤的核心思想是相似的用户会喜欢相似的内容。因此，协同过滤最重要的是计算用户和用户之间、内容和内容之间的相似度，即在给某位特定用户推荐内容时，要么需要找到与之相似的用户群体，并找到这类用户群体喜欢的内容；要么需要找到与该特定用户喜欢的内容相似的内容。

如图 25-2 所示，根据用户对不同的产品点评的历史记录，可以发现

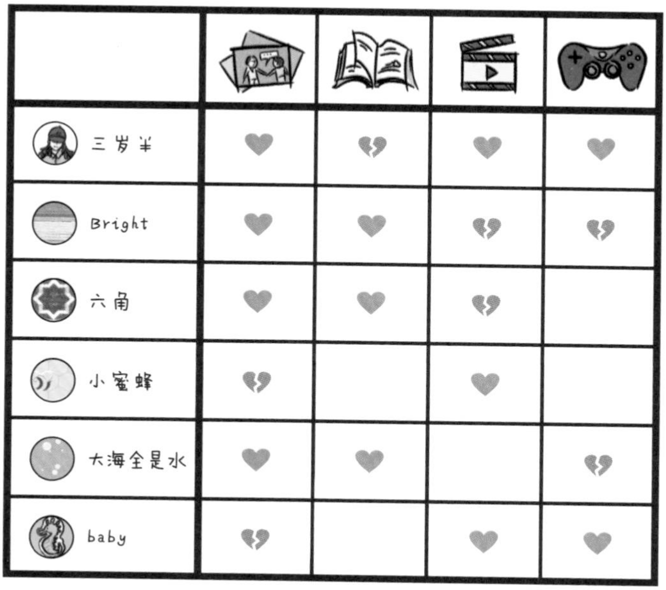

图 25-2 协同过滤概念示意图

"Bright""六角""大海全是水"这三位用户品味非常相似，因此"大海全是水"大概率不喜欢电影。同样地，可以发现电影和游戏这两列相似度很高，也可以推测出"大海全是水"大概率不喜欢电影。

协同过滤中最重要的数据来源就是用户和内容在系统中的交互数据。只有当用户、内容在系统中有了足够多的交互后，个性化推荐系统才能对用户和内容做出精准的推荐。因此，协同过滤存在一个比较棘手的问题——**个性化推荐系统冷启动（Cold Start）**。所谓冷启动问题，是指当一个新用户、一项新内容被添加到个性化推荐系统中后，由于个性化推荐系统内部没有任何历史交互数据，系统应该如何向新用户推荐内容、如何将新内容推荐给用户。

## ▶ 25.2  现代个性化推荐系统：用户画像

现代个性化推荐系统会通过很多不同的数据来提取用户和内容的特征（Feature），然后基于这些特征进行推荐，从而解决个性化推荐系统冷启动问题。在现代个性化推荐系统中，存在一个假设，即无论是新用户还是老用户，无论是新内容还是老内容，它们都可以被同一套特征体系所刻画。这个从用户数据中提取特征（Feature Extraction）的过程所得到就是用户画像（User Profiling）。这里的"用户画像"往往不是一个具体的图画或文字，而是通过计算机语言表达的一串数字、一个向量，来隐式地刻画用户的一些偏好。

从用户的角度来说，哪些数据和行为会被个性化推荐系统用来提取用户特征呢？根据数据和行为发生的环境，可以大致分为以下几个大类：

● 个性化推荐系统会利用用户在注册App时主动填写的基本信息，比如年龄、性别、所在地等。很多App在第一次注册时都会引导用户勾选感兴趣的或不感兴趣的大类，以此来丰富最初的用户特征，提高用户初次使用的体验。

● 个性化推荐系统会利用用户在App内的行为，如点击、滑动、驻留时间等，来提取和进一步改进用户特征。通常情况下，用户与某个/类内容的交互次数越多、时间越长，对用户特征的影响就越大。

● 有时候，用户在其他App中的行为也有可能会影响当前App的个性化推荐系统中的用户特征提取。这类提取乍一听违背直觉，但实际生活中却是可能发生的，主要基于以下几个原因：

○有一些不同App属于同一家母公司，这些App之间的用户特征是共享的。

○不同App绑定了同一个邮箱、手机号等，或者使用了同一种登录方式。如果这些App的个性化推荐系统并不完全靠自主提取特征，同时还外包了一部分给第三方，例如邮箱服务所有方、登录服务所有方，则用户使用同一种方式登录的不同App之间的用户特征提取就可能存在交叠。

○有一些App接入了某些输入法甚至手机操作系统级别的第三方特征，在这种情况下，用户在其他App中的行为可能会被输入法和手机的操作系统记录下来。

● 有时候，用户在日常生活中说的话也可能被个性化推荐系统利用，来改进用户特征提取。这并不意味着人们的生活都被手机监听了——如果需要一直监听，手机电量会迅速消耗，因此这并不现实。更常见的情况是，广告商会投放一些关键词，然后手机上会有特定的模块专门负责监听这些关键词是否被提及。这类功能的实现本质上类似于"Hey Siri"和"Hey Google"这些类语音激活功能。

个性化推荐系统的主要目标是留住用户、增加用户黏性，以提高用户使用App的时间。因此，个性化推荐系统需要对最新最近的数据更敏感——时下最流行的内容会得到加成，最近的用户行为会对推荐结果影响更大。当一个用户近期大量的行为都在指向某一个偏好时，个性化推荐系统就会迅速捕捉到用户的该偏好，并大量推荐相似的内容。在个性化推荐系统继续给用户推荐这类内容时，如果用户对推荐的内容非常满意，继续浏览、点击并表达喜爱，个性化推荐系统又会在用户的特征提取中不断强化这个偏好。如图25-3所示，商老师的外甥女前期在各类App上疯狂浏览有关小鲜肉的内容，个性化推荐系统会捕捉到外甥女的这一偏好，并继续为外甥女推荐有关小鲜肉的内容；外甥女继续浏览这些内容，又会使得个性化推荐系统在外甥女这个用户的特征标签上加强这一偏好，因此外甥女打开App时会发现个性化推荐系统源源不断地推荐小鲜肉的内容。

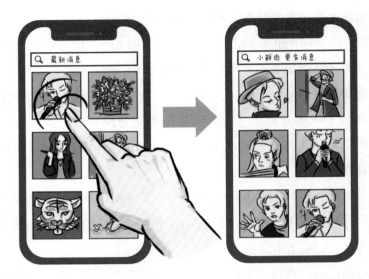

图 25-3　用户点击、浏览内容的行为对 App 推荐内容的影响示意图。小外甥女点击浏览了一个关于小鲜肉的内容，个性化推荐系统就会触发一系列相关联的概念，最后推荐了更多关于小鲜肉的八卦内容

## ▶25.3　用户如何与个性化推荐系统更好地磨合

　　如果用户想让个性化推荐系统明白自己现在不想再看某一类内容了，那么就需要通过具体的用户行为来告诉个性化推荐系统自己对某一类内容已经不感兴趣。最简单的操作就是，当个性化推荐系统再次呈现这类内容时，用户对这些内容不作浏览，迅速跳过。用户这类的行为会被个性化推荐系统理解为对这类内容不再感兴趣。其实，如果用户仔细观察 App 的界面，会发现在推荐提供呈现的内容附近通常有一个地方可以展开一个新的对话框，如图 25-4 所示，该对话框中包含类似"不想再看这类内容"的选项。如果用户点击这个选项，这个行为便是一种更直接的告知个性化推荐系统自己喜好变化的方式。除此以外，用户还可以通过大量点击其他自己喜欢的内容，来减少该类不再喜欢内容在自己过往行为中的比例和权重。通常经过用户两三次这样的行为后，个性化推荐系统再推送的内容就会根据用户的这些行为发生显著的改变。当然，个性化推荐系统中的用户画像并不是一天两天形成的，因此，个性化推荐系统和用户之间也需要一定的时间来慢慢磨合。

图 25-4　告诉个性化推荐系统我不喜欢了。这个下面的"不感兴趣""不要推送给我""我要报告"等类似的按钮都是很强的告诉 App 自己脱粉了的方式

## ▶ 25.4　个性化推荐系统的弊端：同温层现象

　　个性化推荐系统的普及虽然能够给用户推送高度满意的内容，但也带来了内容同质化的问题，这就是**同温层（Filter Bubble，又叫过滤气泡）现象**。特别是，如果用户只生活在一个以内容推送为唯一获取信息的系统中，那么用户接触到的所有内容都是个性化推荐系统推荐的，用户只处于被动接受信息的地位。长此以往，用户会发现和自己持相反观点的声音都不见了，仿佛全世界都在认同自己的观点。这样的用户就好像一直生活在一个由同类人构成的大气泡中，或者一直在一个温度相同的区域活动，这些用户便会被动地活在自己的世界里，无法接触到多样性的观点和声音。比如，如图 25-5 所示，如果小鲜肉的支持者每天只生活在手机的世界里，在 App 里不断地浏览支持小鲜肉的内容，个性化推荐系统便会不断地为其推送支持小鲜肉的内容，该用户也只会收到小鲜肉的正面消息，这会很容易导致该用户认为全世界的人都和他一样是小鲜肉的支持者。

图 25-5　同温层效应示意图

与此相关的还有一种现象叫做**回声筒效应**（**Echo Chambers**），但回声筒效应更多的是一种无意识的我方偏见（an Unconscious Exercise of Confirmation Bias）——用户虽然可以自主地接触新的内容、观点或人，但由于坚信某一观点，久而久之会不自觉地只接触相同观点的内容。

商老师讲到这里，向外甥女发问："说了这么多，让你苦恼的问题，现在你有解决办法了吧？"

外甥女转了转眼珠："有办法了，其实就是要告诉个性化推荐系统我已经脱粉啦！"

# 第 26 章　天梯匹配系统: 网络游戏如何让玩家欲罢不能

赵律师的好闺蜜小程最近迷上了打网络竞技游戏，如图 26-1 所示，经常陷入"赢一把就睡觉"的魔怔之中，但是往往凌晨还没有睡，第二天又顶着大大的黑眼圈跟赵律师保证道："今天晚上一定早点睡觉！"结果可想而知，到了晚上又陷入"赢一把就睡觉"的循环中。

图 26-1　"赢一把就睡觉"的怪圈

商老师有点儿看不下去小程这般"迷失"在网络竞技游戏之中，于是某天跟赵律师和小程聚餐时，跟小程聊道："你知道吗？因为天梯排名和组局系统，如果最近你总体赢多输少，你这个'赢一把就睡觉'的执念是很难实现的。"

玩网络竞技类游戏的人们大多都熟知**天梯匹配系统**这个概念——天梯匹配系统是各类电子竞技游戏中的排名对战系统的简称。很多线上的多人对抗游戏，包括但不限于 DOTA、星际争霸、风暴英雄、英雄联盟、王者荣耀等，都采用天梯匹配系统来为玩家组局。这个看似简单的组局背后，涉及了复杂的计算机科学知识。

为了给玩家们最好的游戏体验，天梯匹配系统的主要功能之一是，为玩家设计和匹配"公平"且"有意思"的对局。人们普遍认为，当同一局游戏中的玩家水平类似时，游戏的乐趣最大。如果同一局游戏中玩家的水平差距过大，实力较强的玩家会单方面碾压实力较弱的玩家。这种既定的胜负会让实力较弱的玩家体验感较差，也会让实力较强的玩家成就感不高。如果玩家的游戏体验一直糟糕，玩家就会卸载游戏、再也不参与游戏。因此，天梯匹配系统中的重要一环是，先准确估计每个玩家的真实水平。

## ▶ 26.1 天梯积分是一种 Elo 等级分制度

天梯匹配系统会根据玩家的表现为每位玩家估计一个积分，该积分通常是以数值的形式呈现的，但是积分本身并不会显示给玩家。天梯匹配系统的积分通常在玩家的系统里被显示为王者、钻石、白金、黄金、白银、青铜，配上几段，等等。绝大部分游戏的天梯匹配系统的积分计算公式是不公开的，但基本所有天梯匹配系统的计算公式都可以看作 Elo 等级分制度（Elo Rating）的变种。

Elo 等级分制度最初是为国际象棋比赛设计的，最早是由匈牙利裔美国物理学家 Arpad Elo 创建的，这个等级分制度用来量化和评估各种对弈活动的水平，也是现今被认为最权威和最科学的对弈水平衡量标准。在设计之初，Elo 等级分制度假设选手们的水平服从正态分布；但渐渐地，人们发现高、低水平选手分布并不对称，所以就采用了一个相对更长尾（Long-tail）的逻辑分布（Logistic Distribution）进行积分计算，如图 26-2所示。在 Elo 等级分制度下，每个棋手根据以往的表现会得到相应的积分。积分的范围通常在零到几千，一个平均水平的棋手的积分大致在 1500 左右。在国际象棋中，如果一个棋手的积分高于 2400，那么这个棋手就是一个国际大师的水平。

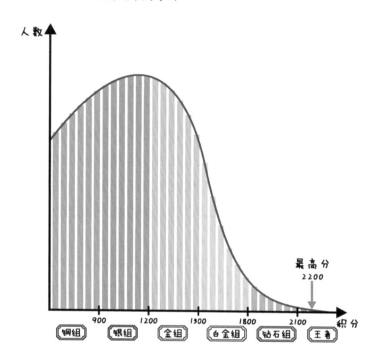

图 26-2　Elo 等级分制度逻辑分布的示意图。可以发现特别高积分的人是少数，大部分人的积分在平均水平以下

Elo 等级分制度下的积分值满足以下的期望胜率：如图 26-3 所示，当两个棋手的积分完全相同时，他们对局的期望胜率是 50% 对 50%，即五五开；当一个棋手的积分比其对手高 100 点时，他的期望胜率会是 64%；当一个棋手的积分比其对手高 200 点时，他的期望胜率会是 76%；当一个棋手的积分比其对手高 800

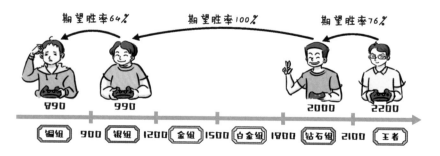

图 26-3　Elo 等级分制度下的积分差距对应的期望胜率

点时，他的期望胜率会是 100%。这也为什么在竞技类的网络游戏中，有种王者甚至黄金玩家吊打青铜玩家的说法——这其实就是指，网络游戏玩家的水平排名差别已经大到让期望胜率变成 100%。

## ▶ 26.2　玩家在天梯匹配系统下的期望胜率通常是 50%

在竞技类的网络游戏中，当每位玩家根据 Elo 等级分制度积累了自身的积分后，天梯匹配系统就可以根据玩家的积分进行计算，并为当前在排队的玩家们组局。为了让对局的玩家们都觉得对局有意思且公平，天梯匹配系统需要通过玩家的 Elo 等级分制度来估计双方玩家的期望胜率，尽量满足双方玩家的期望胜率为 50%，换句话说，也就是双方玩家的期望胜率是五五开，这样双方玩家在对战游戏中能够最大化游戏体验。这也是为什么在竞技类的网络游戏中，一直连胜是困难的。

在天梯匹配系统下，假设我们认为天梯匹配系统的评估是准确且有效的，那么玩家参与的对局越多，其历史总胜率就会越接近 50%。因为玩家每一次参与对局，就好像玩家抛出了一枚硬币：正面向上，玩家获得胜利，累加积分；反面向上，玩家获得失利，扣除积分。从统计学上来看，这是一个一维空间的随机游走问题，无论抛硬币的中间过程中正反面出现的次数如何变化，在足够多的次数时，正反面出现的平均概率为 50%。同样地，无论玩家的胜率在中间过程中如何变化，在玩家参与了足够多的对局后，玩家的胜率会非常接近 50%。所以，一个赛季结束后，除非玩家的竞技水平突飞猛进，否则其天梯排名通常不会有太大的变化。

这里不妨使用程序进行模拟：如图 26-4 所示，假设玩家初始积分为 3000 分，每胜一局加 1 分，每输一局扣 1 分。通过计算机程序模拟了 1000 万次对局后，不难发现，玩家的积分会多次回归初始积分；同时，积分的波动相当大，可以有千分级别的震荡。

当一位新玩家进入天梯匹配系统时，天梯匹配系统如何评估这位新玩家的竞技水平呢？所谓"是骡子是马拉出来遛遛"，天梯匹配系统需要通过几局游戏来评估新玩家的水平。天梯匹配系统通常会先假设该新玩家具备平均的竞技水平，并会按照平均的竞技水平和积分进行组局，如果新玩家的真实竞技水平高于天梯

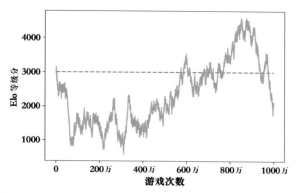

图 26-4　一维空间的随机游走的计算机模拟示意图。模拟结果会随着随机数取值不同而变化，本图为单次模拟结果

匹配系统的假设水平，则新玩家一方的实际胜率会高于 50%。如果新玩家的真实竞技水平低于天梯匹配系统的假设水平，则新玩家一方的实际胜率会低于 50%。在理想状态下，新玩家参与的游戏次数越多，天梯匹配系统估计的水平和积分就会越趋近于新玩家的真实竞技水平。这些最初的对局游戏，其实就是很多网络竞技游戏中所谓的"定级赛"。在定级赛结束前，游戏是不会为新玩家显示其具体的段位的。

　　当某一网络竞技游戏吸引到很多新玩家时，现有的平均水平的玩家的排名和积分往往会有一个虚涨。天梯匹配系统会为新玩家设定一个默认的平均排名和积分，并会将新玩家匹配给现有的平均水平的玩家。相对于新玩家而言，这一部分现有的平均水平的玩家更加熟悉游戏，在这种优势下，会有一部分现有玩家获得胜利并提高积分；还有一些新玩家会在试玩几局后放弃该游戏，他们便扮演了为现有的平均水平的玩家送积分的角色。在短时间之内，现有的平均水平的玩家便会经历积分的通胀，会给这些玩家一种自身竞技水平提升的错觉。其实不然，等新玩家们的排名和积分通过后续不断的游戏校准后，天梯匹配系统的组局配对便会更加精准，天梯匹配系统的积分计算也会再次回到正轨。

　　当然，Elo 等级分制度只是一个相对积分系统，其绝对的数值会受到多种因素的影响，所以不同的网络竞技游戏之间，甚至同一个网络竞技游戏的不同时期，天梯匹配系统的段位和排名是不能直接比较的，也不能作为证明某一玩家比另一玩家竞技水平高超的绝对依据。

## ▶ 26.3  天梯匹配系统也不仅仅是 Elo 等级分制度

讲了那么多 Elo 等级分制度，天梯匹配系统真的就只看这些数值吗？其实不然，Elo 等级分制度本身是为一对一的双人对战游戏（比如国际象棋）准备的，但对于网络竞技游戏，天梯匹配系统需要考虑更复杂的情况，例如不同的英雄角色之间是否适配？玩家最近的玩法偏好是否在转变？因此，天梯匹配系统是一个更复杂、更需要全面考虑的智能系统。

天梯匹配系统除了保证组局的相对公平性，还需要维持玩家的用户黏性。举一个简单的例子：在玩家遭遇一波长连败后，玩家可能急需要一场胜利的鼓励，以保证玩家继续游戏的兴趣。此时，天梯匹配系统无法严格地按照 Elo 等级分制度进行下一场游戏的组局。为了游戏的整体用户都有较好的游戏体验，如图 26-5 所示，天梯匹配系统此时会进行一个非常聪明的选择：为连败的玩家匹配一个已经连胜、但实际竞技水平相对较差的玩家，以达到 "送温暖" 的效果。这样的对局结束后，往往不会造成双方积分变化太大。

图 26-5  "送温暖" 示意图。900 分刚好是银组的最低分

小程听完商老师的长篇大论后，若有所思地点点头说道："原来网络游戏背后还有天梯匹配系统这样的讨论。那既然我们都知道这些套路，有没有什么科学上分的技巧呀？"

## ▶26.4 如何利用天梯匹配系统科学上分

商老师无奈地笑笑，原来说了这么半天，小程最关心的还是自己游戏里的积分和排名呢。确实，结合天梯匹配系统的逻辑，是有一些小技巧可以帮助玩家提升积分和排名的。最简单、直接的技巧当然是要挖掘出玩家自己擅长的、期望胜率超过50%的角色、英雄或策略。除此以外，玩家可以考虑抓住一些时机科学上分，例如：

● 当网络竞技游戏出现大的版本修改时，如果玩家发现新的改动让自己擅长的英雄的表现变强，那么玩家可以考虑马上开始天梯比赛，因为此时玩家的实际竞技水平大概率是会高于天梯匹配系统的估计的。

● 玩家可以尝试在不同的时间段参与对局，并观察胜率的变化。一般而言，大多数玩家有较为固定的上线时间，每周不同的天、每天不同时段，出现的玩家群体可能是不一样的。例如工作日的白天可能上班族上线的比例较低，某些时间段的玩家整体水平可能会弱一些，而某些时间段的玩家整体水平会更强一些。玩家如果在整体水平弱的时间段上线参与游戏，可能上分会更容易。

● 通常在每个赛季之初，玩家的群体会有变化。有变化就意味着有机会，所以玩家可以在新赛季之初多尝试，看看胜率是否有变化。

# 第 27 章　大语言模型：啥是 ChatGPT

商老师的岳父、岳母最近来商老师家探亲小住，这天吃过晚饭，大家坐在沙发上闲聊，商老师正好在看论文，岳父问商老师："你研究的具体方向是什么啊？有朋友问我，我总是说不清楚。"

商老师回应道："您最近听说 ChatGPT 了吗？我的研究方向和 ChatGPT 的关系很紧密。"

岳父一脸茫然："Chat 啥？"

商老师回答："ChatGPT。"

岳父一头雾水："啥 PT？"

商老师放下手中的论文："爸爸，要不我趁着这个机会跟您好好聊聊 ChatGPT 吧。"

ChatGPT 在 2022 年年底到 2023 年年初成为科技界乃至整个社会的热门话题。它是由 OpenAI 公司利用微软公司的云计算平台 Azure 上的大量计算能力，结合海量文本以及图片等多模态数据，通过一套对齐人类指令的算法和标注进行训练的对话系统。该对话系统可以回答任何开放域的问题（如图 27-1 所示）。

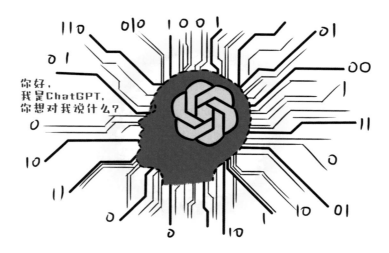

图 27-1　ChatGPT 示意图

ChatGPT 对自身的了解是"ChatGPT 是一个大型的语言模型，基于 GPT-3.5 架构进行训练。它是一个具备人工智能功能的聊天机器人，可以进行对话、回答问题、生成文本等。它能够理解自然语言的含义和语境，并生成连贯、逻辑严谨的语言输出。ChatGPT 的应用场景包括但不限于智能客服、智能语音助手、智能对话系统、机器翻译等领域"。

## ▶ 27.1　什么是 GPT

想要理解 ChatGPT 的工作方式，我们首先需要了解 GPT 是什么。**GPT 是 Generative Pretrained Transformer 的缩写**，其中的 T 指的是 Google 开发的 Transformer 神经网络模型。GPT 模型是 OpenAI 公司在这一基础上进一步设计和研发的一种自监督学习（Self-supervised）的语言模型（Language Model）。其主要思想是在大规模的文本数据上进行**预训练（Pre-training）**，使语言模型学习到语法、上下文、语义等信息。这个方法之所以称为自监督，是因为这里的监督信号是文本数据自带的文字顺序所提供的。预训练的目标是让神经网络模型在未经特定任务训练的情况下进行初始化，并学习到一些通用的语言能力。在预训练过程中，GPT 模型接触的大规模文本数据量可达到 TB 级别。TB 是计算机存储中的单位，1TB 等于 1024GB。在第三代 GPT 模型 GPT-3 中，实际使用的训练文本量达到 45TB，包括数万亿个单词级别的文本数据。这些数据来自互联网上的各种资源，例如网页、新闻、百科、书籍等。可以想象，这些文本数据的规模非常庞大。

GPT 模型在预训练阶段使用的是无监督的语言模型训练方式。这里的无监督是指无须人工标注任何数据，只需要原始的文本数据即可。GPT 所采用的预训练模式沿用的是自回归语言模型（Autoregressive Language Model），简而言之，其主要的训练目标是使语言模型能够以从左向右阅读文本的顺序依次预测文本下一个单词或词语。具体来说，如图 27-2 所示，假设一个句子是 The dog slept …，GPT 模型在阅读完 The 之后，就会努力去预测下一个单词是 dog；在阅读完 The dog 这两个单词之后，就会努力去预测下一个单词是 slept；以此类推。GPT 的预测是基于海量数据中的潜在规律、模型算法中预设的计算方式来完成的。其预测虽然准确，但是并没有特别好的可解释性，计算机科学家们仍在努力研究。

图 27-2  Autoregressive Language Modeling 方法。简单来说就是给定上文，预测下一个词是什么。
　　　　灰色部分是正确的答案，但模型在训练时并不知道。GPT 属于这类语言模型

当上文信息非常有限的时候，或者这个被预测的单词 / 词语本身有一些同义词可以做替换时，文本下一个单词 / 词语的预测本身是一个不太可能完成的任务。但是 GPT 模型还是会尽自身最大的努力最大化整体预测的正确率。这个最大化整体预测的正确率的过程，就是 GPT 模型在预训练时所被设定的目标。GPT 模型的预训练和一般机器学习模型的预训练的最大不同在于，整个过程不需要任何额外的人工标注，而只需要文本数据本身。原则上来讲，文本数据的范围是非常广泛的，人们每天都在写作和对话。如果把这些写作和对话的内容都转录成文本，

以目前的算力来看，人们可以使用的文本数据可以说是取之不尽、用之不竭的。

## ▶ 27.2 GPT 以外的其他语言模型

当然，世界上还有很多其他的语言模型预训练的方法。最出名的当属谷歌公司的 BERT 所采用的 Masked Language Modeling（MLM）方法。该模型的目标类似于英文考试中的完型填空—— 随机隐去（Mask）一句话中的几个单词，然后让语言模型预测这些被隐去的单词是什么，如图 27-3 所示。在具体实现中，研究人员通常发现隐去一个完整的句子中 15% 左右的单词会比较有效。

图 27-3 Masked Language Modeling 方法。简单来说就是"完形填空"。灰色部分是正确的答案，但模型在训练时并不知道

## ▶ 27.3 Scaling Law：模型越大，能力越强

GPT 模型于 2018 年开始研发，至今已经经历了数代发展。初代 GPT 是 OpenAI 在 2018 年 6 月的论文中介绍的，其模型规模较小，使用的语料相对较少。即使已经进行了一定程度的预训练，想要运用初代 GPT 完成一些任务，依然需要在特定任务的人工标注数据上进行微调（Fine-tune）。也就是说，初代 GPT 本身的"通用"能力比较有限，但是可以在一定程度上减少特定任务所需要的人工标注。

最初，GPT-1 模型背后有 1.17 亿个参数作为支撑；然后逐步发展到 GPT-2 模型，背后有 15 亿个参数作为支撑；随后，GPT 模型发展到 GPT-3 阶段，背后

有 1750 亿个参数作为支撑。模型的参数是指其神经网络中需要学习的权重个数（每个权重就是一个浮点数）。用一种形象的说法来说，这些参数可以被类比为人脑中神经元的突触个数。根据科学家们的估计，人脑的神经元数量为 80 亿～1000 亿，每一个神经元平均连接的突触数在 1000 左右。神经元数量与突触数反映了脑容量，图 27-4 对比了几种动物与人类脑容量的大小。如果把每一个突触上的神经电流量看作神经网络中的一个参数，那么人脑的参数量在 100 万亿级别。由此可以发现，GPT-3 模型的复杂性正在逐渐逼近人脑的范围，而且人脑内的神经元并非所有都是用来处理文本数据的，这也从侧面印证了 GPT-3 模型的强大。

图 27-4　脑容量越大，越具有智能

随着 GPT 模型的规模越来越大，GPT-3 模型展现出了很强的零样本（zero-shot）泛化能力。零样本指 GPT-3 模型在没有使用特定任务的数据进行训练的情况下，直接对用户给予 GPT-3 模型的提问进行补全（即不断地预测下一个单词 / 词语，直到 GPT-3 认为已经补全完整），并通过补全的结果直接来完成分类、总结、生成等不同的特定任务。用户给予 GPT-3 模型的提问文字被称为**提示词**（**Prompt**），完全由用户自主给定。

随着研究人员对 GPT-3 研究的深入，发现 GPT-3 具备**上下文学习**（**In-Context Learning，ICL**）的能力：用户可以通过给定一段具有一定规律和格式的文字来展示几个例子（这些例子被称为**示范，Demonstration**），告诉 GPT-3 模型待处理的任务大概是什么样的，最后给出一个需要预测和补全的问题，让 GPT-3 模型来完成。此时，GPT-3 模型收到的提示词就是用户给出的示范和最后的提问。这一过程相当于 GPT-3 模型通过提示词部分的数据即时学习，因此被称为上下文学习，即在上下文中直接学习，如图 27-5 所示。

请按照下面的格式完成趣味中英互译
（英语单词的字母倒过来写）：

猫　➡　tac

狗　➡　god

兔子　➡　tibbar

浣熊　➡　nooccar

图 27-5　In-Context Learning 示意图。提示词中可以包含一些"训练数据"。最后的 nooccar 这个单词可以留空，让 GPT 模型来补全。不过这个例子比较难，很多大模型并不能得到正确的答案

在发现了 GPT-3 具备上下文学习的能力之后，OpenAI 进一步对其进行了改进，增加了一些额外的人类训练数据，以便模型可以更好地按照人类的指令生成所需的输出，从而得到了 GPT-3.5 模型。

这一类通过自然语言与 GPT-3 进行交互以获得答案的方法统称为**提示**（**Prompting**）。如何设计提示词、如何设计示范被统称为**提示工程**（**Prompt Engineering**），这一过程与特征工程（Feature Engineering）有很强的相似性。

ChatGPT 基于 GPT-3.5 模型做出了进一步的改进，使用户可以通过聊天对话的方式为 GPT-3.5 模型提供提示词。在与用户进行对话的过程中，ChatGPT 会记录上文中的所有对话，并将这些对话作为上下文学习中的示范添加到下一轮对话的提示词中，从而保证对话的连贯性。当然，ChatGPT 模型在开发阶段也利用了大量的对话数据进行训练。人们一开始使用 ChatGPT 时，可能会觉得它特别惊艳，这部分归功于当今大语言模型背后的海量训练数据。一些用户的提问可能在

ChatGPT 模型的训练数据中出现过，这是有可能的，甚至是非常可能的。

目前，GPT 模型已经发展到了 GPT-4 阶段（包括 GPT-4、GPT-4-turbo、GPT-4V、GPT-4o）。GPT-4 模型展现了更强大的能力，尤其是最新的 GPT-4o，在推理速度、推理效果、多模态等各方面都取得了很好的平衡性。OpenAI 并没有透露 GPT-4 模型背后的参数数量。有一些传闻称其参数数量在 1 到 100 万亿级别。如果这是真的，那么这个数量级已经非常接近人类大脑中神经元的参数数量了。GPT-4 模型的训练数据也从纯文本扩展到了图像等**多模态（Multi-modal）数据**。因此，毫无疑问，GPT-4 模型在各项指标上的表现远远超过了 GPT-3 模型。

如今，ChatGPT 已经成为一个备受瞩目的泛概念。这个泛概念包括很多基于大型语言模型、大型图像模型以及多模态模型的生成式助手。它甚至可以用来泛指 **AIGC（AI-Generated Content，由人工智能生成的内容）** 这个领域的整体。这其中就包括 OpenAI 展示的 Sora，它体现了非常强的从文本生成视频的能力。当然，Sora 因为种种原因，目前为止并没有公开发布，但其发出的视频小样依然非常惊艳。

岳父接过电脑，在商老师的指导下探索了半天 ChatGPT，不由自主地感叹："ChatGPT 真的是很厉害啊，感觉是革命性的，很多工作都可以被 ChatGPT 替代了。"

商老师表示认可："确实，ChatGPT 带来了很多的机遇，同时也带来了很多新的挑战和风险。有很多媒体在讨论什么样的职业会被 ChatGPT 替代。"

## ▶ 27.4 ChatGPT 带来的机遇、挑战和风险

有一些讨论认为，越接近计算机的工作就越容易被替代。这是有一定道理的。当人们的工作内容被电脑记录下来之后，人工智能就能够获取对应的数据来学习人们工作的流程和内容。从短期来看，ChatGPT 可以将人们从重复劳动中解放出来，从而提高生产力——套话、模版、基本流程等都可以被自动化，人们可以更多地关注到实质性的内容上去。起草一个报告，可能只需要将最重要的几个点罗列出来，就可以让 ChatGPT 来完成整合，套入一些现成的模板中；作一幅画，可能只需要将画中的主体、特点用文字描述出来，就可以让 ChatGPT 来进行细节补充、融合。

　　岳父好奇地问道："越接近电脑的工作越容易被取代？那是不是像维修工人、园丁这类做手艺活的工作反而不容易被取代？"

　　商老师点点头："确实有很多人持这种观点。但同时，我认为我的研究以及类似 ChatGPT 这类大语言模型，初衷都是解放人类生产力，将人类从繁复的机械劳动中解放出来，让人类有机会开发更具创造性的东西，而非取代人类。使用 ChatGPT 的人，会比不使用 ChatGPT 的人更容易找到工作；ChatGPT 使用得好的人，会比 ChatGPT 使用得不好的人更容易找到工作。需要注意的是，ChatGPT 并不能保证所生成的内容一定是正确的，很有可能是一本正经的胡说八道。这种一本正经的胡说八道其实是 ChatGPT 产生的**幻觉和臆想（Hallucination）**，其是指生成的文本从语法甚至语义的角度来看是自洽的，但实际上与现实是违背的。目前为止并没有自动化解决这一问题的好方法，人类专家的介入还是十分有必要的。与此同时，还有一些伦理上的问题，比如这些生成的内容的版权到底归属谁？生成的内容出现了一些暴力或者歧视性的问题，谁需要为此负责？如何保证未成年人可以安全地使用 ChatGPT ？等等，还有一系列复杂的问题等待着人类去解决。"

# 第 28 章　人脸识别：
# 我的脸解锁了妈妈的手机

一天，商老师的岳母不小心把手机摔坏了，商老师赶忙给岳母买了一个新手机。设置的时候，顺便帮岳母设置好了人脸识别系统，并鼓励岳母尝试尝试这项技术，这样以后解锁和使用手机就更方便了。赵律师下班后兴致勃勃地来围观商老师给岳母买的新手机。结果赵律师把手机拿在手上，还没输入解锁密码，手机就通过人脸识别自动解锁了。岳母一看，忍不住直摇头怀疑："人脸识别是不是不靠谱？"

商老师淡定地说："不是不是，只是人脸识别模型还不够完美。赵律师和您的眉眼很相似，所以人脸识别模型把赵律师当成了您。这也是能够理解的。您要对科技的发展有一定的耐心和宽容度。正好就这个机会让我来给您讲讲人脸识别里的门道吧。"

**人脸识别**（Face Recognition）是计算机视觉（Computer Vision）领域中的**一个经典任务**，其历史可以追溯到 20 世纪 60 年代，而现在，人脸识别早已是智能手机的标配，"刷脸"开锁、支付都已经在很多地方得到了普及。

## ▶ 28.1　人脸识别的常见流程

手机上的人脸识别主要包含以下几个重要环节，如图 28-1 所示：

（1）配置人脸。通常在设置和启用一个新的智能手机时，手机会要求使用者配置人脸。一般而言，手机会要求使用者对着摄像头转头，从而将自己的人脸进行360度无死角的录入。这是为了确保人脸识别系统有足够多的人脸数据样本，缓解之后的比对环节所需的计算。

（2）采集人脸数据。最简单的采集人脸数据是通过手机前置摄像头获取人脸的图像。更复杂的采集可能涉及使用一些景深摄像头，以进一步关注人脸的深度信息，从而为人脸识别系统提供更完整的三维数据。在获取图片信息后，人脸识别系统通常会进行进一步的计算，将图片信息转化为**特征向量**（**Feature Vector**）以进行存储或比对。当然，配置人脸的过程本身也在是在采集人脸数据。

（3）比对人脸。对于人脸识别系统而言，比较两张脸是否属于同一个人，本质上是在比较采集到的图片信息背后对应的特征向量是否足够相似。当相似度超过某一个阈值时，人脸识别系统就会认为两张脸属于同一个人，否则属于不同的人。

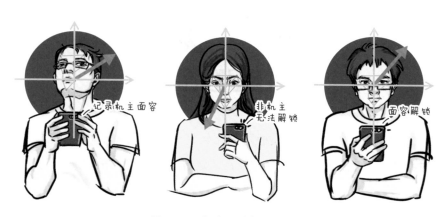

图 28-1　人脸识别步骤示意图

因此，人脸识别系统的核心在于如何提取脸部特征。通常而言，人脸识别系统提取的特征越多、越复杂，将两个不同的人误判为同一个人的情况就会越少；但与此同时，人脸识别的效率就会变低，因为需要存储、比较更多的特征，这背后涉及更大量的数据的存储和计算。即便如此，也无法完全避免将同一个人的人脸错判成不同人的情形。因此，人脸识别系统的设计人需要充分考量这一点，权衡利弊来综合考虑人脸识别系统的特征提取。

## ▶ 28.2 人脸识别常用的特征

传统的人脸识别系统主要依赖于一些人类专家定义的特征。其中最常见的是**海尔特征（Haar Feature）**。海尔特征是一类新型的简单有效的特征，主要是用于检测边界的存在。海尔特征的命名主要是因为它受启发于信号处理中的海尔波形（Haar Wavelet）。海尔特征在 2001 年提出时的一个重大应用便是实时的人脸识别系统。海尔特征的计算非常简单，如图 28-2 所示，简单来说就是计算某一矩形范围内，黑色部分和白色部分像素点的值的差。如果黑白交界处碰巧是一个边界的话，这个差值的绝对值应该会非常大。

图 28-2　海尔特征举例

如图 28-2 所示的海尔特征模板可以比较轻松地找到鼻子。类似的，可以设计专门找眼睛、眉毛、嘴巴等的海尔特征。这样一来就可以很快速地定位到人脸上的五官。

除了五官以外，人脸上其实还有很多"关键点"（Keypoint），比如人脸上的痣、胡须、毛发、胎记等。因此，人脸识别中很重要的一个基础技术是**关键点检测（Keypoint Detection）**。现代计算技术下的关键点检测技术已经非常成熟，只要人脸识别系统的阈值选取得当，人脸识别基本不会漏掉重要的关键点；当然，这样容易导致关键点过多，使得人脸识别系统的效率降低。这也是人脸识别系统的设计者需要权衡利弊来综合考虑的。所以，有的厂商出于降低成本和功耗、提升人脸识别系统的效率的考虑，在设计人脸识别系统的时候会简化脸部特征点的个数，但在一定程度上，不可避免地会造成识别精度的下降。

　　在新型冠状病毒流行期间，佩戴口罩成了一种流行和标配。很多人脸识别系统也与时俱进，将特征点都集中在口罩不覆盖的地方，这样人们就无须脱下口罩来进行识别了。当然，妆容、眼镜也会对人脸识别系统造成一些困扰。尤其是化了浓妆之后，人脸识别系统提取的特征和关键点可能会被浓妆改变或掩盖，从而导致人脸识别系统识别失败。

　　现代人脸识别系统已经基本采用了**卷积神经网络**（Convolutional Neural Network，CNN）来进行特征提取。卷积神经网络可以被认为是让机器学习模型自己去学习类似于海尔特征的特征，因为海尔特征就是卷积神经网络可以学习的特征中的一个子集。

## ▶28.3　人脸识别的挑战：如何识别伪造的人脸

　　除了效率和识别精度的平衡，人脸识别系统的另一个挑战是如何识别故意伪造的人脸。如果人脸识别系统提取的特征都是基于二维图片的，那么有心人简单地打印一个照片就可以轻易骗过人脸识别系统。这样一来，会有很多安全和隐私上的风险。为了解决这个问题，当前最常见的人脸识别系统大多采用了一些活体识别的技术——例如要求用户点头、眨眼等，来确保验证的对象是活人，而非静态的照片。当然，如果有心人精心设计和准备了视频，也是有可能骗过人脸识别系统的。因此，还有一些更复杂的人脸识别系统通过改变屏幕的颜色，要求验证对象的人脸来反射不同颜色的光得到不同的图片，通过多光谱融合，来进行更全面的人脸识别。即使这样，人脸识别系统仍有可能被高仿真度的头部模型破解。为了解决这一挑战，不仅需要靠特征提取的设计，还需要改进人脸识别系统的硬件配置，比如新增红外摄像头、景深摄像头等。

　　商老师说到这里，把岳母和赵律师一起拉到镜子前："世界上可能没有两片一模一样的树叶，但总会有两张非常相似的人脸存在，尤其是在亲属之间。你们的眉眼很像，从某些角度看过去，是很像同一个人的。你们的眉眼特征在这个手机的人脸识别系统中匹配度超过了一定的阈值，也就不奇怪为什么赵律师刷脸解锁了您的手机。"

　　岳母满意地看着镜子："看来人脸识别系统也知道我闺女是我亲生的呢！"

# 第 29 章　自然语言处理：NLP is so hard

商老师所在的学校今年为计算机系招聘了很多优秀的青年教师，其中有一位新加入的青年教师金老师已经和商老师认识很多年了。这天，商老师为金老师接风。商老师知道金老师是潮汕人，喜欢清淡的广东菜。刚好学校附近新开的一家名为"粤菜"的餐厅广受好评，商老师问金老师："今天晚上一起去吃粤菜吗？"

金老师很是赞同："好啊好啊，咱们吃哪家店？"

商老师连忙解释："哎呀，我刚才没有说清楚，'粤菜'是一家餐厅的名字（如图 29-1 所示），是最近开在学校附近的，我认识的朋友们吃过，都说味道不错。"

图 29-1　此粤菜非彼粤菜

金老师挠挠头说："呃……好吧，难怪自然语言处理那么难做。"

商老师听后仰天大笑。

金老师和商老师的研究方向在自然语言处理（Natural Language Processing，NLP）领域有一些重叠，因此两人深知自然语言处理的难度。"NLP is so hard"（自然语言处理好难啊！）也是一句在自然语言处理领域的计算机科学家们中间广为流传的经典感叹。自然语言处理是非常具有挑战性的领域，即使在大模型时代，依然有很多连人类都难以 100% 正确处理的情况，让自然语言处理的机器模型和背后的计算机科学家们抓狂。

## ▶ 29.1　基于自然语言处理的应用随处可见

从自然语言处理这一计算机科学分支的起源来看，它是计算机科学与语言学的交叉学科。自然语言处理的最初目标是通过语言学的方式来帮助计算机理解、处理和生成自然语言数据，从而能够与人类进行日常的自然语言交互。如图 29-2 所示，这种交互模式被称为语言界面交互模式（Language User Interface，LUI）。尽管流行的人机交互模式多是图形界面交互模式（Graphics User Interface，GUI），例如人们在日常生活中使用的 Windows 操作系统、Mac 操作系统、手机操作系统等，都属于图形界面交互模式的范畴，但计算机科学家们仍希望通过自然语言处理，在未来为人类提供更多的语言界面交互模式，如客服问答系统、聊天机器人、手机智能助手、智能家居等，都属于 LUI 的范畴。

图 29-2　LUI vs. GUI

自然语言处理的研究范围非常广泛，包括但不限于分词、词组挖掘、语法树解析、文本分类、实体识别、关系抽取、文本生成、语音识别、机器翻译等。通常来说，自然语言处理的研究工作涉及不同的语言，其中常见的包括英文、西班牙语、法语、德语、中文、日文、韩文，甚至一些只有几百人使用的部落语言。

　　语言种类繁多只是自然语言处理研究的一个挑战，计算科学家可以与语言学家合作解决多语种问题。然而，自然语言处理研究最大的挑战在于自然语言本身的歧义性。许多词汇本身可能具有多个意义，再加上人们日常生活中各不相同的语言行为，使得机器模型理解自然语言充满了挑战。很多时候，人类对自然语言的理解都存在歧义，更不用说机器了。举个简单的例子，在中文语境下，有人说"我想喝一瓶水"，这个人想表达的意思可能是想喝一点水，也有可能是想喝一整瓶水，这种歧义性使得自然语言处理领域的研究变得复杂且困难。

## ▶29.2　中文的分词极具挑战性

　　分词是自然语言处理研究中的一个基础工作，它涉及将自然语言的句子和段落切分为最小的语义单元——单词和词组。自然语言中的歧义性给分词工作带来了巨大的挑战。例如，在中文语境下，如图 29-3 所示，这个例子中出现了五个"过"字，而它们具有不同的含义——前两个"过过"是一个动词，第三个"过"是指杨过的名字，第四和第五个"过"又表示动词的意思。这种非常口语化的表达方式对机器模型理解自然语言构成了重要挑战。当然，如果将下面这个例子改为更为书面化和少歧义的表达方式，例如："我也想按照杨过之前的生活方式来生活一下"，那么机器模型可能更容易理解。但是，自然语言处理的研究对象不限于书面化的语言表达，口语化的表达方式也是自然语言处理研究的重要对象。因此，计算机科学家们需要不断努力来应对这类挑战。

图 29-3　来到杨过曾经生活过的地方，小龙女动情地说："我也想过过过儿过过的生活。"

## ▶ 29.3 英语的语义也常有歧义

在英语语境下，也存在类似的密集出现同一个词的口语化表达。如图 29-4 所示，句子"Buffalo buffalo Buffalo buffalo buffalo buffalo Buffalo buffalo"是一个语法正确的英语句子，其中包含了 8 个连续出现的单词 buffalo。机器模型要理解这句话，首先要理解单词 buffalo 可能的含义。Buffalo 这个词最常见的意思是指水牛；它同时也是美国纽约州的一个城市的名字——Buffalo City（水牛城），位于尼亚加拉大瀑布附近，在加拿大的多伦多市的对面；除此之外，Buffalo 还有一个意思是欺负、霸凌。

其次，机器模型需要理解英语的表达方式。在整个句子中，按照英语的表达方式，三个首字母大写的 Buffalo 特指水牛城这座城市。Buffalo buffalo 意指来自水牛城的水牛。在整个句子中，一共出现了三头来自水牛城的水牛。为了便于理解和区分这三头水牛，可以按照它们出现的顺序，给它们标记为 A、B、C。而剩下的两个 buffalo 则表示动词霸凌的意思。

整个句子中第二个和第三个 buffalo 中间还省略了一个 that。完整的表述应该为"Buffalo buffalo that Buffalo buffalo buffalo // buffalo Buffalo buffalo"。

因此第三、四、五个 buffalo 是修饰第一、二个 buffalo 的定语从句，其背后的意思是"来自水牛城的水牛 A 是被来自水牛城的水牛 B 霸凌过的那头水牛。"

图 29-4  "Buffalo buffalo Buffalo buffalo buffalo buffalo Buffalo buffalo"

整理清楚这个逻辑脉络之后，整句话的意思就是"被来自水牛城的水牛 B 霸凌过的来自水牛城的水牛 A 霸凌了来自水牛城的水牛 C。"

即使对人类来说，要理解这类例子可能都要花上一番功夫，更不要说机器模型了。自然语言本身存在的歧义性是自然语言处理的最大难点。与计算机语言、数学语言等严谨的形式化语言不同，自然语言通常存在一字多义、一词多义、一句多义的情况。当人类理解自然语言时，很多时候也需要结合上下文、对说话人的熟悉程度以及手势和语气等，来综合判断说话人的语意。在很多复杂的情境下，即使对于母语使用者来说，也很难100%正确判断自然语言背后的确切含义，对机器模型来说，理解的难度就更大了。

## ▶ 29.4 歧义性也是一种魅力

自然语言的歧义性给计算机科学家们带来了挑战，但不可否认的是，自然语言的魅力也是蕴含在这歧义性之中的。语言艺术，比如相声、小品，有很多都是从自然语言的歧义性出发，生成了许多幽默诙谐的谐音梗。从计算机科学的角度来说，自然语言的包容、高效、简洁，在很大程度上也要归功于其歧义性。**人们想表达的内容、知识，可以看作具体的数据；自然语言可以看作数据的编码方式。**当自然语言没有歧义性时，每个内容和每个编码都必须是一对一的，所需要的不同编码个数就需要和不同内容的总数对应。而当自然语言存在歧义性时，每个编码就可以对应多个不同的内容，从而减少所需要的编码个数。一般而言，一种语言的歧义性越强，人们所需要的编码个数就会越少，该语言的语句就会越简洁。当然，一种语言的字汇量越多，语句也会越简洁。这也是中文的表达能力强的一个原因。一般而言，同样的内容，用中文表达会更简洁。而正是因为中文的歧义性强、字多，学习中文的难度也比较大，这对想学习中文的外国人来说是挑战，对于想要理解中文的机器模型和自然语言处理研究来说也是挑战。

金老师一边听一边点头，突然回过神来，拍拍商老师："你看咱俩，要吃饭了还一个劲地在这聊学术，可见自然语言的魅力之大。我们赶快去吃饭吧，我都有点儿饿了呢。"

商老师掏出车钥匙："赶快走吧，我开车一起去。让我们一起去'粤菜'尝尝粤菜吧！"

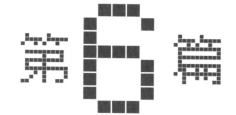

第6篇

生活中的
信息安全

# 第 30 章 浏览器：
# 隐私浏览模式到底有多隐私

商老师的表哥是一个非常注重个人隐私的人。表哥只要上网就必使用隐私浏览模式，但也因此常常记不住各类网站的登录密码。

商老师劝他："你就让浏览器帮你记住账号密码，多省事！"

表哥连忙摇手："那不行，我一直用隐私浏览模式呢，隐私浏览模式才能保护我的隐私呀。"

事实真的是这样吗？

随着网络在人们日常生活中越来越普及和重要，人们对个人隐私的关注度也越来越高。为了保护用户的隐私，现代浏览器提供了各种隐私保护功能，其中之一就是隐私浏览模式。

隐私浏览模式（Private Browsing Mode）也被称为无痕模式（Incognito Mode）或隐身模式（InPrivate Mode），是现代浏览器中的一项功能（如图 30-1 所示）。当用户在隐私浏览模式下浏览网页时，浏览器将不会保存用户的浏览历史记录、缓存文件、表单数据和下载记录等信息。此外，它还会禁用浏览器的扩展和插件，以防止这些工具跟踪用户的在线活动。

然而，需要明确的是，隐私浏览模式并不是绝对的隐私保护措施。虽然隐私浏览模式可以在某些方面加强隐私保护，但并不能完全消除所有形式的在线跟踪和监控。

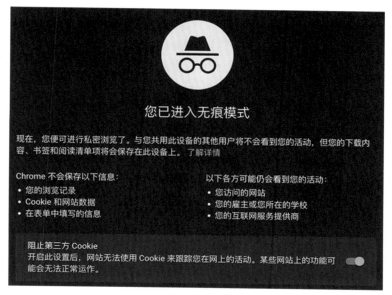

图 30-1　隐私浏览模式

要明白上网时到底有哪些形式的在线跟踪和监控，人们要先明白计算机网络到底是怎么回事。在用户上网的过程中，信息到底都经过了哪些地方，都有哪些人可以看到。

## ▶ 30.1　上网冲浪的过程到底能被谁看到

人们在上网时，实际上是在进行复杂的计算机网络之间的信息交换。这些复杂的计算机网络可以被抽象成一个图结构。在这个图结构中，存在许多节点，这些节点之间通过网络信号相互连接，比如光纤、无线信号等。一般而言，这些节点可以按功能分为两类：

- 通信终端节点（Communication Endpoint），就是通信发起/终结的地方。生活中最常见的终端节点就是计算机主机（Host），包括人们日常使用的计算机、平板电脑、智能手机、智能电视、联网的游戏机、智能手表、家庭摄像头等，以及更高级的云计算服务器等；打印机、数字电话也属于终端节点的范畴。

- 再分发节点（Redistribution Point），人们最熟悉的再分发节点莫过于家里的路由器（Router）、调制解调器（Modem）和光猫。如果曾经去过学校的机房，人们可能对机房里排列的交换机（Switch）和网线记忆犹新，这些也属于再分发节点的范畴。

为了让节点之间可以更好地沟通和导航，现代互联网中通常有非常多、分级的再分发节点。高等级的再分发节点通信量非常大，如图 30-2 所示，每个国家都会有几大数据中心负责全国的通信调度和国外的链接等，这些节点至关重要；低等级的再分发节点则负责相对小的范围，比如一个学校、一个住宅区、一个城市，等等。

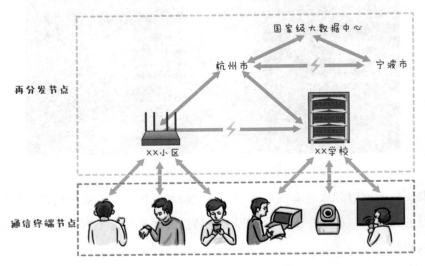

图 30-2　计算机网络的示意图

所谓的**上网冲浪**，其实就是两个终端节点通过中间的再分发节点进行通信的过程。可想而知，所有上网的数据都会经过这些再分发节点，而再分发节点的所有者都有可能看到并记录这些上网的数据。与此同时，通信过程中的另一个终端节点也一定会知晓上网的数据。

虽然隐私浏览模式会阻止浏览器保存用户的浏览历史记录，但它并不能阻止再分发节点的所有者，如网络服务提供商（Internet Service Provider，ISP）、网站运营商（即通信过程中的另一个终端），知晓并记录用户的在线活动。

举一个例子，如图 30-3 所示，如果一个员工在单位上班时，通过公司的网络访问了一些网站。那么就算该员工使用了隐私浏览模式，公司的 IT 技术部门依然可以通过公司路由器上的数据了解到具体的网站浏览数据。因此，近年来，人们常常会看到新闻报道员工上班时间看视频，或者访问购物网站后被公司发现而受处罚。

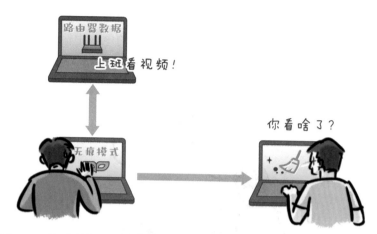

图 30-3　隐私浏览模式依然会在公司路由器、运营商等地方留下浏览记录

　　除此以外，很多网站运营商或者广告商，并不完全是根据浏览器中的账户信息来给用户完成画像的。为了让网络通信可以顺利完成，用户就必须告知通信的另一端自己的 IP 地址。IP 地址就类似于人们家里的门牌号。如果用户希望邮递员能够准确地将包裹投递到自己家中，那么住址信息就必须写在包裹上，让沿途的邮差都可以知道如何递送。在网络世界中也是一样的，为了让中转节点们能知道应该往哪里继续传递这个数据，每一个数据上都需要标明信息收发双方的 IP 地址，如果信息按照对应的 IP 地址发不过去，还能将信息退回。因此，网站和广告商可以利用 IP 地址等其他信息来为用户画像，从而更精准地为用户提供服务。另一方面，因为 IP 地址的存在，用户的很多隐私信息也有被追踪的可能性。

## ▶30.2　隐私浏览模式到底保护了什么隐私

　　表哥连忙打断商老师："那我的隐私浏览模式都白用了？你说了这么多隐私浏览模式不足的地方，它就没有一点好处吗？"

　　商老师回答道："当然不是。隐私浏览模式和普通浏览模式的最大区别在于，隐私浏览模式能在浏览器层面最大限度地保护用户的隐私。"

　　例如，隐私浏览模式不会保留用户的历史记录，隐私浏览模式下输入的用户名密码和其他表单信息一定不会被记录在本地（如图 30-4 所示），之前记住登录状态的网站仍然会需要重新登录，等等。这样一来，将自己的电脑借给朋友浏览网页时，隐私浏览模式可以最大限度地保护自己和朋友的隐私——打开一个社交网站时，自己的账号不会自动登录；朋友在别人的电脑中输入自己的社交网站密码后，不用担心被浏览器记住。

图 30-4　隐私浏览模式中使用的用户名密码等信息不会在本地记录

商老师最后提醒表哥："虽然隐私浏览模式提供了一些额外的隐私保护措施，但并不能提供完全的匿名和隐私保护。千万不要以为使用了隐私浏览模式就完事大吉了。个人信息保护和隐私尊重可是无法仅仅通过隐私浏览模式就实现的哦。"

# 第 31 章　区块链：
# 比特币的共识

商老师的叔叔是个资深投资者，是股市的常客，名副其实的老股民。这天，商老师的叔叔兴奋地对商老师说："听说比特币是新时代的黄金，储量有限，我是不是要赶紧去买一点啊？"

商老师的叔叔在股市沉浮多年，看尽涨跌牛熊之后，依然热衷于交易。

商老师给叔叔解释道："比特币等加密货币可以被看作风险等级更高的股票。比 A 股还更容易大起大落（如图 31-1 所示），而且还有 24 小时交易机制，您得根据自己的风险偏好考虑一下是否能够承受。您炒 A 股时，有时涨停跌停就会感到喜悲参半，所以或许还是不要考虑比特币这种投资了吧。"

图 31-1　比特币实时行情示意图

叔叔不服气："那你先给我解释一下比特币是什么，股票我知道买的是公司的业绩，那比特币买的是什么？"

其实比特币和股票交易的本质是一样的：都是人们基于**一定的共识**来参与的交易。股票交易背后的共识是购买者对该公司业绩、潜力和未来的认可；黄金等贵金属交易背后的共识是购买者对这些贵金属价值的认可，并相信在货币贬值时，黄金等贵金属更具保值属性；比特币等加密货币交易背后的共识是购**买者对这类加密货币的运用场景和价值的认可**。购买者的共识决定了交易品的总体量（市值）。相信这个共识的购买者越多，交易品的体量就会越大。比特币在 2023 年 6 月时，总体量达到了接近 6000 亿美元；同时期 A 股中所有股票的总体量约为 40 万亿人民币。

叔叔越发有兴致："那如何保证比特币的交易是真实的？ A 股好歹还有证监会监管，比特币呢？我听说是去中心化，这是什么意思？是无人监管吗？"

其实不然。比特币是一种数字形式的货币，通常被称为**加密货币**（**Cryptocurrency**）。顾名思义，比特币中运用了高级的计算机科学技术，尤其是**密码学**（**Crypto**）的技术。

## ▶ 31.1　区块链本质上是一个分布式账本

比特币背后的核心技术叫**区块链**（**Blockchain**）。区块链可以被看作一个公开的大账本，记录了整个比特币世界里的交易记录。如图 31-2 所示，在人们熟悉的现实世界中，银行承担了一个中心化的记账功能——如果世界上只有一家银行，那么这个银行的总行的账本就记录了全世界范围内的所有交易记录。与银行不同，区块链中的账本是散落在很多不同的计算机上的；如果把这些零散的账本拼在一起，人们便能得到完整的比特币交易记录。

图 31-2　中心化记账（左）与去中心化记账（右）

一笔比特币交易（Transaction）指的是一个发起者（Sender）向一个接收者（Recipient）发起的转账。如图 31-3 所示，交易的信息主要包括：

（1）发起者在本次交易之前的交易记录，这些记录了发起者的资金来源。

（2）接收者的地址。

（3）转账的金额。

（4）交易的其他信息，例如交易费用、数字签名，等等。

图 31-3　比特币交易示意图

为了让交易记录具备一定的完整性，结合一些效率上的考虑，区块链中的交易会被组合在一起，形成若干个区块（Block）。

分布式记账并不稀奇，在现实世界中，即使世界上只有一家银行，它也会有很多不同的分行、支行。但区块链技术最独特的地方在于，与银行里财务部门的少数工作人员维护账本不同，区块链世界中的账本是由整个区块链网络中的参与者共同维护的。

## ▶31.2　区块链的独特之处：去中心化的账本

在具体的交易信息被加入区块之前，需要多个参与者共同维护和验证交易数据的一致性，通过共识算法达成共识。为了鼓励参与者，最先完成维护和验证的人会获得一定量的比特币。这个过程类似于区块链社区中发布了一道抢答题，首先回答正确的参与者将获得奖励。这种比特币奖励通常被形象地称为"矿"，参与者被形象地称为"矿工"（Miner）。矿工之间是竞争关系，使出浑身解数争夺"矿"，这有点像游戏《黄金矿工》和《夺宝奇兵》。

在比特币的世界中，参与者需要完成的维护和验证是基于一些哈希值的运算和碰撞的。简而言之，是在给定一个复杂的数学公式、一部分输入和正确的输出范围时，参与者需要枚举验证如何**补全输入**，使得补全后的输入经过公式计算后能输出一个正确范围内的值。由于数学公式的复杂性，补全输入的这个任务并不简单，通常需要很多工作量。因此，这个验证的过程也被称为**工作量证明**（Proof of Work）或**权益证明**（Proof of Stake）。当一个参与者完成了这个任务后，其他参与者可以很快地验证答案的正确性，在此之后，交易就可以完成并被记录到对应的区块。每个区块包含有关特定交易或信息的信息，并通过使用密码学哈希函数与前一个区块相连接，形成一个不断增长的链条（Chain），因此形成了**区块链**。

简单来说，如图 31-4 所示，区块链的交易过程就是一个人给另一个人转钱的过程。这个交易会被表示成一个 Block；发起交易的人会将这个 Block 广播给区块链网络中的所有矿工，然后矿工们开始计算验证；如果有足够多（比如半数以上）的矿工通过 Proof of Work 验证了这个交易是可以执行的，这个交易就被加入到对应的区块中，交易完成，交易的接收方就收到了转来的"钱"。

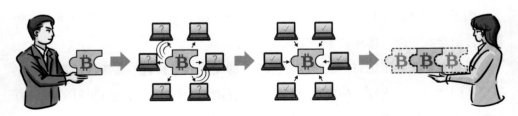

图 31-4　区块链交易过程示意图

为了平衡交易的时效性和参与者任务的难度和公平性，当一个区块链网络中的参与者非常少时，正确的输出范围就会被调得比较大，从而单个参与者更容易找到解；当一个区块链网络中的参与者非常多时，正确输出范围也可以对应调小，从而平衡单个参与者每次参与和完成任务的时间。

## ▶ 31.3 比特币的价值在哪里

其实，比特币等虚拟货币的价值背书正是参与者**发现和获得比特币这类虚拟货币所消耗的资源**。以比特币为例，参与者需要购买一定的计算设备才能有机会获得一定量的比特币。通常，为了保证参与者参与验证的速度，参与者的计算设备参数要求也会较高；大部分的验证需要的时间较长，相应的，参与者需要保证计算设备背后的电费和制冷费用等。一般而言，这类消耗的资源基本保证了比特币价值的下限。当比特币跌破这个下限时，显而易见，大部分的理性参与者会退出这个网络，否则它们会入不敷出。对于参与者而言，他们会期待比特币的价格可以不断上涨，以此获得收益。

区块链的核心概念是去中心化，和传统意义的股市不同，区块链下的交易市场也没有中央机构或权威来控制和验证数据，但这并不意味着区块链下的交易市场没有安全性。由于区块链的去中心化特性，区块链具有几个显著的特点：

（1）透明和公开：区块链上的数据是公开的，所有参与者都可以查看和验证交易，从而增加了交易的透明度和可信度。

（2）不可篡改：一旦数据被添加到区块链上，便很难更改或删除。这是因为区块链使用密码学哈希函数将每个区块与前一个区块链接起来，使得任何篡改行为都会被其他参与者察觉到。

（3）高安全性：区块链使用密码学技术来保护数据的安全性。由于数据存储在分布式网络中的多个节点上，攻击者通常难以有单一的攻击目标，因此区块链很难被攻击或破坏。

叔叔听完商老师的讲解，摩拳擦掌："大概听懂了一些，感觉比特币和区块链技术很有前景呀。我要回去研究研究，下一步要考虑考虑投资区块链呢。"

商老师有点儿哭笑不得："区块链确实是一个很有前景的技术。区块链技术最初被广泛应用于加密货币，如比特币的交易记录，但现在已经扩展到许多其他领域，如供应链管理、智能合约、身份验证、投票系统等。区块链被认为有潜力改变许多行业和社会领域，提供更高效、安全和可靠的数据交换和管理方式。但是区块链是不是一个好的投资选项，我就无法评论了，只能让您自己研究了。"

# 第 32 章　哈希算法：
# 好网站都不保存用户的明文密码

　　"英伟达的员工和客户密码泄露了！" 赵律师下班路上跟商老师讲大新闻的时候，邻居家的奶奶正好听到了。奶奶感叹道："真是可怕呀，这就是我能不上网就不上网的原因。要不我在一个网站上的账号密码被泄露了，用相同密码的其他网站就都跟着遭殃了。"

　　商老师笑了笑说道："奶奶，其实也没有那么可怕，我和您聊聊密码安全的事儿吧。"

　　密码安全至关重要，尤其在高度信息化的今天。人们的日常生活几乎离不开各种网站和手机应用。在使用这些网站和手机应用时，用户都需要输入用户名和密码。这些用户名和密码的背后，涉及人们的邮件、银行账户和社交平台等。毫无疑问，密码安全关乎人们的信息安全、财产安全和隐私安全等。

　　在大众的认知里可能存在一个误区——人们普遍误认为当发生黑客攻击、密码被泄露时，如果用户的密码是 123456，则密码 123456 就直接被泄漏了。事实上，这样危险的情况只有在密码被明文储存的时候才会发生。

　　**明文密码存储**是指在密码的存储和传输时，密码本身没有被加密而以纯文本的方式被存储：如用户的密码是 123456，系统存储的密码为 123456。显而易见，明文密码存储是具有极高风险的。在发生密码泄露的时候，明文密码存储没有任何额外的安全保护。

正是因为这种高风险性，越来越多的网站和应用程序从用户安全的角度出发，都对用户的密码进行了**加密存储**。大多数网站和应用程序是通过**哈希算法**来实现这种加密的。

## ▶32.1　好的哈希函数是一个特级名厨

哈希算法里的"哈希"是英语 Hash 的音译。如图 32-1 所示，Hash 这个词本来的意思是在烹饪的过程中，人们把一些原料切碎，混合起来做成一道菜。在享用菜品的过程中，人们不再关心原材料被切碎前的样子，只关心烹饪后它们呈现出来的菜品和味道。这就好比，当提到青椒肉丝时，人们不会关心肉被切成肉丝之前的样子；当提起土豆泥时，人们也不会关心土豆成为土豆泥之前的样子。经过复杂的烹饪过程后，呈现出来的菜品也很难再可逆到最初原材料的状态。

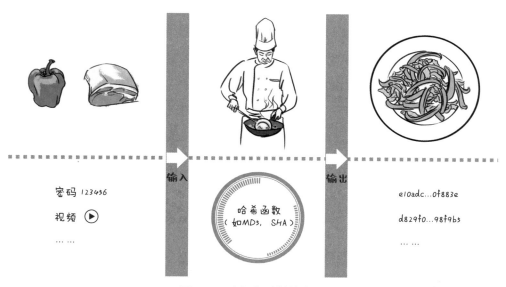

图 32-1　烹饪与哈希的类比

哈希一词非常形象地解释了哈希算法。在计算机科学中，哈希算法的核心思想就是将一个**输入数据**（类似于烹饪中原材料的品种、数量、形状等非常具体的内容）通过一个相对复杂、不可逆的**哈希函数**（类似于烹饪的过程）映射到一个新的值。在计算机中，哈希函数的输入数据既可以是由一串数字、字母、标点符号组成的密码，也可以是一首歌的 MP3 文件，还可以是一部电影的 MP4 文件等。

哈希函数对输入数据进行映射后的值，被称为**哈希值**（类似于烹饪后呈现的菜品）。哈希值是一个固定位数的数字，通常是通过 16 进制的形式呈现的。在计算机科学中，为了方便显示十六进制数字，通常用数字 0 ～ 9 和字母 a ～ f，一起表示十进制中的 0 ～ 15。

在通常情况下，可以作为哈希函数输入的数据远比可能的哈希值多。因此，理论上一定存在两个及以上不同的输入数据被哈希函数映射到同一个哈希值。当这种情况发生时，我们就说哈希发生了"冲突"。这就好比在烹饪中，不同形状或类别的土豆最后都能做出口味几乎相同的土豆泥。

常见的哈希函数有 MD5、SHA1、SHA2 等。这些函数的背后有一系列数论的理论支撑，以确保"冲突"发生的概率很低。这些常见的哈希函数就像特级名厨一样，总能通过一些巧妙的烹饪技巧，把食物原材料上的细节尽可能地在菜品中呈现出来。

### ▶ 32.2　用户识别：比较登录密码的哈希值就够了

有了这些常见哈希函数的强力支持，如图 32-2 所示，网站和应用程序便可以通过比较用户本次登录输入的密码的哈希值和用户创建账户时设置的密码的哈希值是否相等，来进行用户识别。从不太严谨的角度来说，这个过程和人们在数学考试中使用的特殊值代入"蒙"题法是类似的：在验证两个公式 $f(x)$ 和 $g(x)$ 是否等价（这里的等价指的是可以通过化简、等价变换等操作，将两个公式相互转换）时，我们可以通过代入几个特殊的便于计算的 $x$ 值，分别根据 $f(x)$ 和 $g(x)$ 两个公式计算出具体值；如果多次代入的值均相等，那么就可以大胆地猜测这两

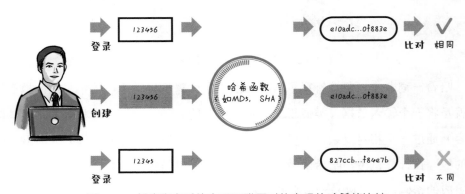

图 32-2　创建账户时的密码和登录时的密码的哈希值比较

个函数是等价的。哈希值就可以理解为 $f(x)$ 和 $g(x)$ 经特殊值 $x$ 代入后的具体值。如果本次登录输入的密码的哈希值和创建账户时设置的密码的哈希值完全一致，则网站和应用程序会允许用户登录；反之，则拒绝登录。这样一来，网站和应用程序只需要存储用户密码对应的哈希值，而非用户的明文密码。

虽然常见的哈希函数的计算公式是公开的，但这些函数是非常复杂且不可逆的。因此，即使黑客知晓了这些哈希函数的计算公式，也无法通过对哈希值进行"逆运算"推算密码原文。但为什么用户的密码被泄露和破解的情况仍然屡见不鲜呢？要回答这一问题，就不得不讨论"彩虹表"。

## ▶ 32.3　黑客如何根据哈希值反向破解密码

通俗而言，彩虹表可以理解为一个常见密码（类似于常见的原材料）与其常见哈希值（类似于家常菜）之间的对应关系表。彩虹表可以被看作一个两列的 Excel 表格：其中的一列是常见密码，另一列是这个密码可能对应的哈希值。具体来说，如图 32-3 所示，黑客会维护一个密码池（对应彩虹表中的第一列），对密码池里的明文密码用常用的哈希函数进行计算得到相应的哈希值（对应彩虹表中的第二列）。这些明文密码和哈希值存储在一起就成了一个彩虹表。黑客的密码池通常包含一些常见的密码（比如 123456）、一些较短的密码（比如 8 位以内的纯数字和小写字母的密码）、一些常见拼音和单词的组合（比如 password）。当用户使用了这些密码时，黑客便可以通过暴力枚举和查寻彩虹表得到用户的明文密码。当然，不同黑客维护的彩虹表会不尽相同。

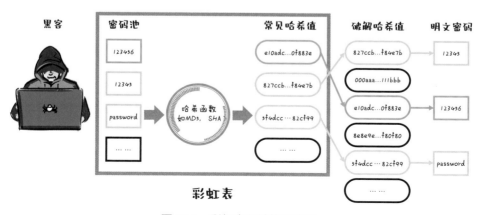

图 32-3　彩虹表和破解示意图

　　当黑客破解了某家网站或者应用程序存储的登录信息时，如果该网站和应用程序加密存储了用户的密码，则破解后，黑客能够获取的仅是哈希值，而非用户的明文密码。此时，黑客要想破解用户的明文密码，就需要运用到自己维护的彩虹表。如果黑客获取的哈希值已经在自己维护的彩虹表中，那么按图索骥，便可获取该哈希值下的明文密码。

　　所以，大部分的黑客攻击并没有那么神奇，他们能破解的明文密码往往局限于自身维护的彩虹表的范围。由于计算、存储能力的限制，任何黑客的密码池及其衍生出的彩虹表都不可能太大。这也是为什么大家都应该使用强力的密码，即8位以上、至少包含各一个大小写字母、数字和符号等。越复杂的密码存在于黑客的彩虹表中的可能性越小，被破解的可能性越小，则使用该密码的账户安全性越高。

　　那么，是否用了强力密码后，用户就可以在不同的网站都使用相同的密码而高枕无忧了呢？并不是的，如果A网站明文储存了用户的强力密码，且被黑客入侵，黑客会将该明文密码加入其密码池并计算生成对应的哈希值。如果用户碰巧在B网站上使用了和A网站相同的强力密码，或者用户在B网站的强力密码碰巧和A网站的某个其他用户的密码相同（当然这个可能性很小），那么当黑客破解B网站得到B网站上的密码哈希值后，就会发现这个强力密码的哈希值和黑客曾经破解获取的A网站的某个明文密码的哈希值符合，因此也就无法"独善其身"。

　　当然，这个潜在的风险可以通过用户针对不同的网站和应用程序使用不同的强力密码来改善。但是强力密码的记忆难度较大，用户很难同时记住很多个没有强联系的强力密码。

## ▶ 32.4 "适量加盐"可以让密码更难破解

　　那么，网站和应用程序的开发者有什么可以帮助用户的吗？一个现有且很成熟的方法是通过开发者给用户的密码"加盐"，然后再计算哈希值来实现。"加盐"其实是从其英文名"salting"直译过来的。不得不说，这个直译非常有味道，跟人们烹饪中的加盐有异曲同工之妙。如图32-4所示，在烹饪过程中，厨师可以根据自己的喜好给菜肴加不同分量、不同种类的盐（比如海盐、粉盐、椒盐等），从而做出自己"独门"的定制菜。在对明文密码计算哈希值时，网站和应用程序的开发者可以根据自己的喜好，在常见的哈希函数的基础上为哈希函数的计算过程做一些"独门"的处理，再计算哈希值。这里的"独门"，是指只有该网站和应用程序的开发者才知道的一些小众的计算公式。这些小众的计算公式不一定具有数论的理论支撑，但是在该网站和应用程序的开发者群体里能够被理解、被交流。这就好似中式烹饪里加盐的"适量"，除了烹饪者自己，其他人很难掌控"适量"的尺度。因此，"适量"的程度也成了某种菜品美味的秘诀。

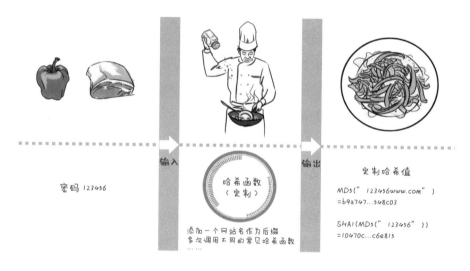

图 32-4　加盐的示意图

如此一来，哈希值的计算将跳出常用哈希函数的范畴，使得黑客维护的"彩虹表"的效力大大减弱，黑客们无法轻易地根据先验的哈希值获取明文密码。开发者"加盐"的过程可谓八仙过海各显神通，在这里举两个例子便于大家理解，如图 32-4 所示。例如，开发者可以给用户的明文密码添加一个类似于网站名称的字符串作为后缀，如明文密码是"123456"，A 网站的开发者可以先把密码变换成"123456A 网站"，再对其进行常见哈希函数的计算。这样得到的哈希值便会和直接计算"123456"得到的哈希值不同。再例如，开发者也可以多次调用不同的常见哈希函数来计算哈希值，如首先计算明文密码的 MD5 值，再对这个 MD5 值进行 SHA1 哈希值计算。

整个"加盐"处理的过程会将哈希值"定制化"——同样的密码在不同的

网站和应用程序中的哈希值会变得不同。即用户在 A 网站和 B 网站使用同样的密码，密码映射出来的哈希值也不尽相同。这样一来，即便黑客通过 A 网站知晓该用户的明文密码，且获取了 B 网站存储的该用户密码的哈希值，也无法轻易发现 A 网站的明文密码被同样使用在了 B 网站上。

所以说，好的网站和应用程序的开发者一定会合理地运用哈希算法来保护用户的账户安全。即使在网站和应用程序被黑客攻击、数据库被泄露的情况下，用户的明文密码也无法被简单地获取。

奶奶听完之后，开心地感叹道："那我真是放心多了！"

## ▶ 32.5  靠浏览器记住密码靠谱吗

赵律师问道："我还有个问题，我平时上网的时候，浏览器会问我要不要记住密码，这个会不会有风险呢？有时浏览器还会提醒我密码有被泄漏的风险，那是不是意味着浏览器明文存储了我的密码呢？"

商老师解释道："我们以 Google Chrome 为例，来简单解释浏览器存储密码背后的原理吧。" Chrome 浏览器主要是依托于计算机本地的操作系统中的加密文件存储功能，以加密的形式存储密码的。所以，当我们想调取明文密码的时候，Chrome 会要求我们输入电脑操作系统的密码。同时，Chrome 浏览器会在计算机本地使用常见哈希函数计算并保存密码的哈希值，然后通过和已知泄漏的密码的哈希值进行比较，判断是否相同，进而发现监控潜在的泄漏风险。总的来说，在浏览器中保存密码是相对安全的，但与此同时，我们需要设置一个强力的密码来保护计算机操作系统。

赵律师听后搂着邻居奶奶说："奶奶，你之前不是一直担心记不住密码嘛，这下不仅可以放心地上网，还可以放心地让浏览器帮你记住密码呢！"

# 第 33 章　非对称加密：公开的密钥能加密却不能解密

商老师的姑妈近来喜爱看古装权谋剧。这天，商老师去拜访姑妈，电视里正播放桥段：细作甲将要传递的信息制作成密文，并将密文加密方法藏在食物中，传递给细作乙，但密文加密方法被他人发现，细作甲和细作乙之间的秘密通信无法实现。姑妈大呼："太可惜了！"

商老师此时凑上前来："这没啥可惜的呀。密文加密方法本身也是信息，在传递的过程中当然是有泄露风险的。从计算机科学的角度来说，这其实是对称加密（如图 33-1 所示）的一个潜在弊端。咱们要不今天正好聊聊密码加密的事儿？"

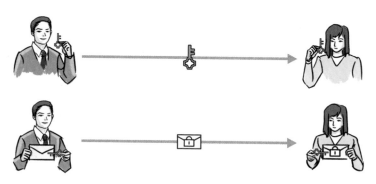

图 33-1　对称加密示意图

## ▶ 33.1 加密已经是上网冲浪的标配了

虽然当今的网址大多以 https:// 开头，但在 https:// 之前，老网民们应该对 http:// 开头的网址仍有印象。这两者之间有什么不同呢？当今的 https 中的 s 又是什么意思呢？简单来说，s 指的是安全（Secure）。

HTTP 的全称是 Hyper Text Transfer Protocol，翻译成中文为超文本传输协议。HTTP 是一种用网络来传输数据的协议，这个协议规定了服务器应该如何将超文本数据（即 HTML 格式的数据）发送到本地浏览器。

HTTP 的一个很大的问题在于该协议下，服务器和本地浏览器之间传送的内容采用了明文传输方式，没有加密。因此，如图 33-2 所示，在传输过程中，黑客攻击者可以窃听和截取数据包，获取敏感信息，如用户名密码、个人信息或机密数据。与此同时，由于数据未经加密，黑客攻击者可以在传输过程中篡改网页内容、注入恶意代码或篡改数据包，导致用户受到欺骗、数据被篡改或潜在的安全漏洞。

图 33-2　明文传输容易被黑客攻击者窃听

为了提高网络传输的安全性，HTTPS 应运而生。HTTPS 也是一个数据传输的协议，全称是 HyperText Transfer Protocol over Secure Socket Layer。HTTPS 中这个新加入的 S 主要是指 Secure（安全）。对比 HTTP，HTTPS 的升级主要在于运用了非对称加密算法来提高信息传输的安全性。

在计算机科学的世界里，所有的数据都可以看作数字。一系列的数字经过计算和后端及前端的转换处理后，可以呈现出不同的内容，包括文本、图片、视频等。

## ▶ 33.2 对称加密的风险问题

对称加密，可以理解为计算机通过密钥对信息进行加密；其中，密钥本身也是数据，一般会以数字的形式呈现。如图 33-1 所示，加密的过程一般是计算机程序通过密钥对信息本身进行一系列的计算，得到密文。解密之时，再通过密钥对密文进行一系列的逆运算，得到信息本身。如图33-3所示，一个最简单的加密算法是凯撒加密，如果将信息定义为 $x$，密钥定义为 $k$，那么凯撒加密用数学符号表示为 $x+k$，并由此得到密文。如果将密文定义为 $x'$，那么解密的数学符号表示为 $x'-k$，便可还原信息 $x$。在对称加密中，信息的发送方和接收方都持有密钥 $k$，但密钥 $k$ 本身也是信息，如何保证密钥 $k$ 的安全性呢？如果密钥 $k$ 在信息传输的过程中被泄漏，那么加密信息的安全性也就荡然无存。

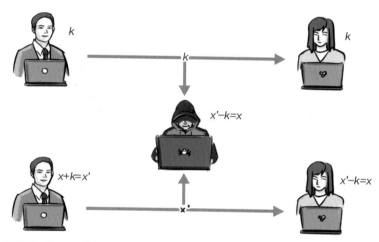

图33-3　凯撒加密（一种对称加密）中使用到的密钥 $k$ 一旦被黑客攻击者获知，便非常容易被破解

## ▶ 33.3　非对称加密的优势

由于对称加密容易被破解，非对称加密应运而生。在对称加密中只有一个密钥，而在非对称加密中有两种密钥，分别是**公钥**和**私钥**。顾名思义，公钥是公开的，用于加密信息传输过程；私钥是保密的，用于解密。如图33-4所示，非对称加密的过程可以理解为：

（1）信息发送方和信息接收方交换公钥。

（2）信息发送方使用信息接收方的公钥对信息进行加密，并传送。

（3）信息接收方收到加密后的信息。

（4）信息接收方使用自己的私钥对加密后的信息进行解密。

（5）信息接收方使用信息发送方的公钥对需要回复给对方的信息进行加密，并传送。

（6）信息发送方收到加密后的回复信息。

（7）信息发送方使用自己的私钥对加密后的回复信息进行解密。

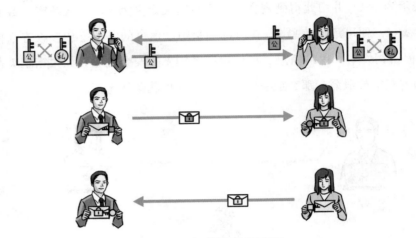

图 33-4　非对称加密示意图

非对称加密的核心在于，使用公钥对信息加密后得到的密文，只有接收方通过私钥才能进行解密。这样一来，即使公钥在信息传输的过程中被泄露，因为私钥的存在，加密后的信息也无法被解密，从而增加加密信息的安全性。

生活中有一个形象但不完全准确的实例来解释非对称加密：电子邮箱的用户名可以看作一个公钥，电子邮箱的密码可以看作一个私钥。持有电子邮箱的用户名，任何信息的发送方都可以向该电子邮箱发送邮件，但是只有知道电子邮箱密码的人，才能登录电子邮箱接收到发到邮箱里的具体信息。

## ▶33.4　图灵奖级别的工作：RSA 算法

目前，非对称加密中最常见的算法是 RSA 算法。RSA 是三位计算机科学家 Rivest-Shamir-Adleman 的姓的首字母缩写。RSA 算法在 1977 年被提出，并且得到了广泛的使用。这三位计算机科学家也因此获得了 2002 年的图灵奖，图灵奖又被称为计算机界的诺贝尔奖，由此可见 RSA 算法的卓越贡献。

公钥和私钥在 RSA 算法中是一对非对称密钥，其中公钥通常用作加密密钥，私钥用作解密密钥。公钥和私钥分别由一组数字组成，通常表示为公钥 $(e, N)$ 和私钥 $(d, N)$。

要进一步了解 RSA 算法，就不得不提一下**数论（Number Theory）**的知识

（这部分内容比较深奥，学有余力的读者可以继续阅读；不感兴趣的读者也可以直接跳过，不影响下文的理解）。数论是纯粹数学的分支，主要研究整数的性质。数论在计算机科学中非常常见，对于古典密码学来说更是重中之重。数论中最基础的运算是**取模 (mod) 操作**——取模是指在计算除法后，丢掉商，然后保留余数作为结果。比如 5 mod 2=1，10 mod 4=2。为了一些表示上的方便，通常也记作 5=1 (mod 2)，10=2(mod 4)。可以理解为 5 和 1 在 mod 2 的意义下是相等的，或者说同余。

RSA 算法的加密和解密都依赖于取模运算。例如，在给定了信息数据 $X$ 后，加密的过程（即得到密文 $Z$ 的过程）便是取模运算的过程，数学符号表示为 $Z=X^e(\bmod N)$；解密的过程是反向取模运算的过程，数学符号表示为 $X=Z^d(\bmod N)$。RSA 算法只能对 $0 \leq X < N$ 的整数进行加密，如果传输的数据比较大，则需要对数据进行分段，保证每一段数据对应的数值都满足这个范围限制。为了保证解密出来的明文和加密之前的明文是相同的，就需要确保 $e$、$d$、$N$ 对于任何一个整数 $0<X<N$，都可以做到 $X^{e \cdot d}=X(\bmod N)$。要解出这个等式，需要运用到**欧拉定理**。欧拉定理是以瑞士著名的数学家莱昂哈德·欧拉命名的。欧拉先生是一个伟大的数学家，他发明了非常多的定理、算法、常量等。这里提到的欧拉定理主要指的是在 mod $N$ 的意义下，下面的等式恒成立：

$$X^{\Phi(N)}=1(\bmod N)$$

在这个定理中，$X$ 是一个 $0 \sim N{-}1$ 的任意整数；$\Phi(N)$ 是欧拉函数，其具体的意义在于计算 $1 \sim N$ 这些数中，有多少个数和 $N$ 是互质的。比如 $\Phi(2)=1$，$\Phi(3)=2$，$\Phi(10)=4$（10 和 1, 3, 7, 9 互质），等等。如果人们可以对 $N$ 进行质因数分解，$\Phi(N)$ 可以被很快地计算出来。举一个具体的例子，如果 $N$ 可以被分解为两个质数 $P$ 和 $Q$ 的乘积，那么 $\Phi(N=P \cdot Q)=(P{-}1) \cdot (Q{-}1)$。比如 $\Phi(10=2 \cdot 5)=1 \cdot 4=4$。因此，如果想要构造 $X^{e \cdot d}=X(\bmod N)$，就只需要构造 $e \cdot d=1(\bmod \Phi(N))$ 即可。

而巧的是，数论中有一个**扩展欧几里得算法**，正好解决 $e \cdot d=1(\bmod \Phi(N))$ 这类取模意义下的等式。扩展欧几里得算法可以解决 $ax+by=c$ 这样的整数等式，其中 $a$、$b$、$c$ 是已知的整数常数，而 $x$ 和 $y$ 是待解的整数变量。这个算法非常高效并且给出了这个等式有解的充分必要条件——$c$ 必须能被 $\gcd(a, b)$ 整除。这里的 gcd 指的是最大公约数。比如，$\gcd(3,5)=1$，$\gcd(2,4)=2$。

$e \cdot d=1(\mathrm{mod}\ \Phi(N))$ 这个取模的方程可以被写为

$$e \cdot d + k \cdot \Phi(N)=1$$

在这个等式中，$k$ 是一个新引入的整数变量。假设 $e$ 是已知的，而等式的右边是 1，则为了让这个等式有解，$\mathrm{gcd}(e, \Phi(N))$ 必须等于 1。由于 $\Phi(N)$ 通常很大，所以只需要在 2 到 $\Phi(N)$ 之间找到一个 $e$，使得 $e$ 与 $\Phi(N)$ 互质。由于满足条件的 $e$ 比较多，可以通过简单的枚举得到。$d$ 则可以通过上面提到的扩展欧几里得算法快速计算得到。由此，公钥 $(e, N)$ 和私钥 $(d, N)$ 就都构造完毕。通常情况下，RSA 算法中的 $e$ 是相对较小的一个数，这样可以让加密相对高效。

由于公钥 $(e, N)$ 是公开的，想要破解 RSA 算法，就只需要计算出 $d$，但计算 $d$ 的主要瓶颈在于如何知道 $\Phi(N)$。而计算 $\Phi(N)$ 主要需要对 $N$ 进行质因数分解。RSA 算法的安全性基于一个数学假设——给定一个很大的整数，质因数分解是不容易的，需要花费大量的计算时间。从目前的计算机科学来看，还没有一种高效的大整数质因数分解算法。并且，在实际操作中，人们通常会选择相差较远的质数 $P$ 和 $Q$，并将 $N$ 设计得较大，以增加分解计算的难度，从而提高 RSA 算法的安全性。如果未来有一天，人们发现了高效的大整数质因数分解方法，那么 RSA 算法也将不再安全。

## ▶ 33.5　中间人攻击：非对称加密也没法避免的问题

RSA 算法虽然精妙，但是也没有办法完全保证安全性。即使使用了非对称加密，中间人攻击依然是一个很大的问题。**中间人攻击**是指在信息传递过程中，攻击者作为中间人插入在通信的两端之间，窃听、篡改或伪装成通信的一方。

在中间人攻击中，黑客攻击者一般会在通信双方第一次交换公钥的时候，对消息进行拦截和篡改，保存通信双方交换的真实公钥，并将自己的虚假公钥发送给通信双方。由此一来，当通信双方进行信息传递时，黑客攻击者会在中间增加一层传递。如图 33-5 所示，假设老王在自己家里安装了一个摄像头，不在家的时候，常常通过手机来观察家里的情况，以确保家里没有小偷。在这个情境下，摄像头和手机之间会进行信息的传递。摄像头和手机之间会相互交换公钥来对信息进行加密。然而，在中间人攻击的情况下，黑客攻击者会在摄像头和手机第一次进行公钥交换时，获取并拦截真实公钥，然后将虚假公钥发给摄像头和手机。接下来，摄像头通过虚假公钥将信息加密并传递，黑客攻击者会收到该加密信息，并用自己的私钥对其进行解密得到具体信息。黑客攻击者此时可以对具体信息进行篡改，再通过真实公钥将篡改后的信息传递给手机端。手机端再通过私钥对被加密的篡改信息进行解密，得到被篡改后的信息。同样的，黑客攻击者也能收到手机端通过虚假公钥加密后的信息，黑客攻击者用私钥解密后，可以对该具体信息进行篡改，再通过真实公钥将篡改后的信息加密并传递给摄像头。在中间人攻击下，通信双方所有的通信内容就能毫无保留地被黑客攻击者窃取和篡改。

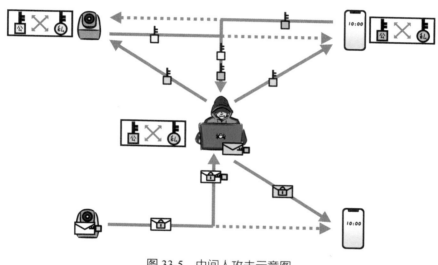

图 33-5 中间人攻击示意图

是否有办法避免中间人攻击呢？此时，就需要可信的第三方来帮忙验证客户端收到的公钥是否是服务器端的公钥。这个过程就是人们通常听到的**网页证书**。每个网站都会有一个可验证的网页证书，用于验证公钥的真实性和安全性，以防范中间人攻击。

姑妈听到这里，若有所思："按照这个思路，刚才那两个细作知道什么是非对称加密，并保护好自己的私钥，这样即使密文加密方法被发现，要传递的信息也不会因此被破解？"

商老师表示赞同："几乎正确，就是这个意思！"

第 7 篇

# 生活中的
# 硬件系统

# 第 34 章　文件系统：
# 我的聊天记录没有了还能找回来吗

商老师的表妹下个月将举办结婚典礼了，目前在忙着准备结婚典礼上放映的照片和视频。表妹想翻看自己和男朋友的聊天记录，从中挖掘一些有意义的影像资料。表妹没日没夜地挖掘这些影像资料，全身心地投入以确保结婚典礼周全。然而，在一次夜深人静的整理中，她因为疲惫导致一瞬间的不留神，把聊天记录删除了。

商老师接到了表妹的求助电话："我不小心把聊天记录删除了，这还能找回来吗？"

商老师深知聊天记录对表妹的重要性，连忙安慰道："别急，你不要关机或者重启，也不要下载新的 App 或者文件。尽快找专业的数据恢复服务，看能否帮忙找到聊天记录的数据。"

表妹将信将疑："真的有希望找回聊天记录吗？"

商老师宽慰道："还是有希望的，我来跟你解释文件系统的知识，你就会更有信心了。"

在计算机中，大多数用户接触到的数据都是以**文件（File）**的形式存在的。用户需要通过文件夹导航来查找特定的文件，打开并操作它，这已经成为许多办公人员日常工作的一部分。而在"文件"这种交互形式的背后，是计算机在利用一整套文件系统（File system）来管理数据，如图 34-1 所示。

硬盘　　　　　分区　　　　　文件系统　　　　　目录　　　　　文件

图 34-1　文件系统的概念

## ▶34.1　文件和文件系统

计算机存储设备中的原始数据（Raw Data）通常由一连串连续的二进制比特串组成；每个二进制比特的值是 0 或 1。这些比特串经过特定软件的解析，可以呈现出不同的形态——文档、音频、视频，等等。

从概念上讲，"文件"可视为原始数据的元数据（Metadata），它通常包含一个**头地址（Head Address）和数据长度（Length）**。如图 34-2 所示，所有存储设备都可以被抽象成一条长长的纸带；这条纸带被划分为连续的格子；每个格子都代表一个比特，能够记录 0 或 1。头地址是指存储设备上的那条"纸带"起始"格子"的位置。数据长度则是指在"纸带"上要写入的"格子"数。通过头地址和数据长度，文件系统就可以快速地定位到原始数据在存储设备上的头地址和结束地址，从而轻松访问整个"文件"的原始数据。

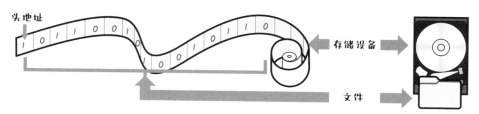

图 34-2　存储设备都可以被看成一个"纸带"，数据的起始位置就叫头地址

文件系统，顾名思义，就是对"文件"进行维护的系统。文件系统的核心操作包括创建文件、删除文件、修改文件。修改文件可以简化理解为先删除原有文件，再创建一个新文件，因此只要理解文件系统是如何创建和删除文件的，就不难理解文件系统是如何修改文件的。

　　用户在计算机上创建一个文件时，文件系统会先在存储设备上找一段连续可用的二进制比特序列，然后将文件对应的原始数据写进去，最后把头地址和长度信息存入文件系统，得到一个新的文件。所谓"可用"，就指这些比特没有被其他文件占用。文件的大小决定了这一段连续比特的长度；越大的文件就需要越多的比特。当存储设备上目前不存在足够长的连续可用比特，但是存储设备的总容量足够大时，文件系统会对已存文件进行移动和重组，即闪转腾挪，来整理出一段足够长的连续可用比特。闪转腾挪是指把原本并不连续存储的数据通过移动、交换等方式，放到存储器这个"纸带"上连续的"格子"里，如图34-3所示。这一操作就被称为**磁盘碎片整理（Defragmentation）**，磁盘碎片整理可以进一步提升文件系统的效率，减少计算机的卡顿。

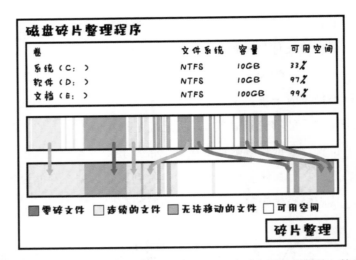

图34-3　磁盘碎片整理示意图：同一个颜色指的是同一个或者同一类文件。整理前数据可能
分散在存储器的不同地方，整理后相对来说更连续

　　计算机科学中有一个非常容易和文件混淆的概念，叫作快捷方式或软链接（Soft Link或Symbolic Link）。如图34-4所示，用户创建快捷方式或者软链接时，实际上并未生成新的文件数据，而是再记录了一份具体文件的元数据。因此用户在删除快捷方式或者软链接时，删除操作不会删除原始文件数据。

　　那么用户删除文件的时候会发生什么呢？从计算机的角度而言，最简单直观的实现方法，包括找到文件的头地址和结束地址，并在存储设备上将对应的比特清零。此外，文件系统会删除文件记录的所有相关信息，如头地址和文件长度。

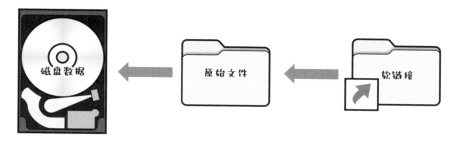

图 34-4　快捷方式 / 软链接示意图。软链接只是再记录了一份具体文件的元数据

## ▶ 34.2　快捷方式与懒删除

通常情况下，文件系统并不需要真的将存储设备上文件对应的比特进行清零操作，只需要将这一段比特标记为"可用"即可。这便是计算机科学中**懒删除**（**Lazy Deletion**）的概念，与之相对的是上面提到的彻底清零数据的删除方式，其被称为"真删除"，因此，"懒删除"有时候也被认为是一种"假删除"，如图 34-5 所示。

图 34-5　懒删除示意图。懒删除只是将具体文件的元数据清除了，并没有对硬盘上的数据进行操作

懒删除的概念和回收站的功能息息相关。回收站里的文件对应的原始数据是没有完全清零的，换句话说，回收站的操作其实就是懒删除的概念。与此同时，被删除文件的元数据，如头地址和长度等，也会被保留在回收站中。这也是为什么，回收站里的文件可以随时被恢复。

如果聊天记录是被懒删除的，那么用户可能可以通过遍历硬盘上的比特来找寻聊天记录。用户可以观察是否有一些连续的比特看起来像一个合理的文件。比如某些特殊的文件可能会在开头有一段模式化的连续比特。通过这些模式化的比特，用户可以匹配到看起来像文件的数据，再把这段比特尝试以相应的文件格式解析，以此来尝试打开和验证数据。当硬盘本身很大的时候，遍历硬盘上的比特就会比较慢，耗时较长。因此，用户自己进行操作有时候有些困难，寻求专业人士的帮助效率更高。

在寻求专业人士的帮助之前，最好不要进行关机或者重启操作，也不要下载新的 App 或者文件。因为在关机或重启操作时，有的文件系统会自动进行一些简单的磁盘碎片整理 ——文件系统对现有文件闪转腾挪后，原来可能是被懒删除的文件就被其他文件的数据覆盖了。避免下载新的文件也基于类似的原因，特别是如果新下载的文件非常大时，可能会触发文件系统对现有文件的闪转腾挪。

因此，一些快速格式化的操作，如果运行时间特别短，大概率是懒删除操作。而真删除操作通常耗时较久，因为文件系统需要遍历所有的比特。

表妹听到这里信心大增："那说明确实还有希望，我赶紧下楼去找找还有没有在营业的维修店铺。"

商老师连忙叫住表妹："注意安全，还有，文件系统什么时候采用懒删除是一个比较复杂的问题，因此聊天记录能否被找回很多时候是一个玄学的问题。如果真的找不回来了，你可不要哭鼻子哦！"

# 第 35 章　内存与存储：为什么手机"内存"比电脑内存还大

　　赵律师的发小小龚和赵律师一起长大，两个人的孩子也同岁，因此赵律师和小龚经常一起带孩子出去玩。

　　一天，赵律师和小龚约着带孩子一起去小溪边玩水。小溪附近的景色优美，两家的孩子也玩得颇为开心。赵律师和小龚两个人各自拿着手机不停地拍照。

　　突然，小龚的手机因为内存满了没法继续拍照了，她懊恼地说道："我的手机内存又满了！自从有了孩子之后，手机里都装满了孩子的照片和视频，手机内存真的不够用啊！"

　　赵律师深有同感："一点没错，我最近也考虑换一个内存更大的手机。我看市面上已经有内存达到 1TB 的手机了，比一些电脑的内存还大呢。买一个这样的高内存的手机就足够用了。"

　　商老师也加入了对话："买手机我是没有意见的，但是我要纠正你们一点，你们对话里提到的'内存'并不准确，更为准确的用词应该是'存储'。笔记本电脑比智能手机的计算能力要强很多，但普通笔记本电脑的内存容量一般也难以达到 1TB。很多时候大家用词不太准确，所以赵律师才有了手机内存比电脑内存大的误解。我们趁此机会来了解一下计算机中的存储类型以及不同存储类型之间的区别吧！"

## ▶ 35.1 计算机存储的分类

根据存储设备断电后是否能保持其中的数据，可以把计算机中的存储分为两种类型：**易失性存储器**（Volatile Memory）和**非易失性存储器**（Non-volatile Memory），如图 35-1 所示。它们之间的主要区别在于存储设备是否需要持续通电以维持其中保存的数据不丢失。易失性存储器需要持续通电才能保持其数据，一旦断电，数据将永久丢失。而非易失性存储器则不需要通电也能维持其中保存的数据。

内存条　　　　软盘　　光盘　　硬盘　　固态硬盘　　U盘　　SD卡

图 35-1　不同类型的存储举例，左边是易失性存储器，右边是非易失性存储器

既然易失性存储器听起来不太可靠，人们为什么不都使用非易失性存储器来存储数据呢？这是因为存储器在使用过程中有一个重要的性能指标——**读写速度**。易失性存储器在这方面有巨大的优势，因为其读写速度通常非常快，而非易失性存储器的读写速度相对较慢。在这里，"读"是指从存储器中获取指定数据的过程，而"写"是指将指定数据存入存储器的过程。

判断存储器读写速度快慢的一个重要指标是，它能否很快地定位某一具体数据的确切位置。例如，对于存储了若干首歌曲的存储器，能否很快地跳转到某首歌曲的特定时刻，是判断读写速度快慢的关键指标之一。如果使用的是传统的非易失性存储器，比如磁带、黑胶唱片等，那么这个"跳转"的过程会非常缓慢——因为磁带和黑胶唱片只能按顺序读写数据，所以每次要跳转到特定位置，必须将磁带和黑胶唱片从当前位置一点点地转到所需数据位置才行，如图 35-2 所示。

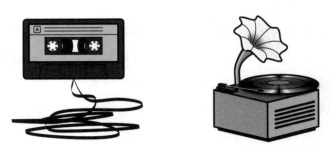

图 35-2　录音机磁带、黑胶唱片机只能按顺序读写数据

## ▶ 35.2　外存是一种非易失性存储器

非易失性存储器通常用于数据的存储和传输，其最常见的应用是计算机的外部存储设备，通常称为外部存储，简称**外存**，包括硬盘、移动硬盘、U 盘和 SD 卡等。如图 35-3 所示，硬盘的常见类型有两种——传统硬盘驱动器（HDD）和固态硬盘（SSD）。传统硬盘相对来说更便宜，因此经常被用作大规模数据存储。而固态硬盘相对更昂贵，但其访问速度更快，因此目前绝大部分中高端的笔记本电脑都采用固态硬盘。U 盘和 SD 卡的存储介质本质上相同，均是基于闪存技术的存储设备，只是其接口稍有不同。SD 卡的性能通常根据其读写速度划分为多个档次，速度越快自然就越贵。对于相机、无人机等设备的用户来说，选择 SD 卡时会比较关注图像的品质。较高品质的图像需要更快的写入速度，否则可能出现用户已经按下快门，但是图像迟迟不能写入的情况，从而影响整体的拍摄体验。

图 35-3　SSD 和 HDD 的示意图

为了提高数据的安全性，非易失性存储器经常采用独立硬盘冗余阵列（Redundant Array of Independent Disks，RAID）的存储模式进行**数据容灾备份**。数据容灾备份是指当一部分硬盘或者其他存储器因为意外灾难出现故障时，通过巧妙的事先备份来恢复数据的设计。独立硬盘冗余阵列会以特殊的方式，将相同的数据存储在不同的硬盘上。这样一来，如果任何一个硬盘出现故障，硬盘冗余阵列可以通过其他硬盘中的数据片段来恢复数据。硬盘冗余阵列能够有效地防止数据丢失，但需要使用更多的硬盘来实现相同大小的数据存储。

## ▶ 35.3　内存是一种易失性存储器

与非易失性存储器不同，易失性存储器通常被用于保存计算机当前正在操作或经常需要操作的数据，以便计算机能够快速运算。易失性存储器的最常见应用莫过于计算机的内部存储，简称**内存**（又称为主存）。内存主要用于临时存储中央处理器（CPU）需要读写的数据。绝大多数内存都是属于随机存取存储器（Random Access Memory， RAM），支持快速读写内存上的任何地址的数据。与按顺序读写存储数据的存储介质不同，随机存取存储器不需要按照既定顺序处理存储的数据。除了中央处理器，计算机的图像处理器（GPU）也有一个"内存"，其被称为**显存**（**GPU RAM**）。

计算机的内存就好比一张草稿纸——计算机在进行运算时，可以将很多中间结果记录在这张草稿纸上，随时读写。当内存容量非常大时，计算机就拥有了足够多的"草稿纸"，运算就会更加高效方便。人们在使用办公软件时，计算机的中央处理器需要在后台做运算，此时，中央处理器的内存大小就变得非常重要。人们在使用计算机玩游戏、看电影时，很多时候需要计算机的图像处理器来做运算，此时，图像处理器的显存大小就至关重要。中央处理器的内存和图像处理器的显存大小决定了它们可以处理和操作的临时数据量，直接影响了用户在使用计算机时的体验。通常情况下，如图 35-4 所示，任务管理器中的中央处理器内存使用率是一个重要的指标，可以用来判断计算机是否卡顿等性能问题。

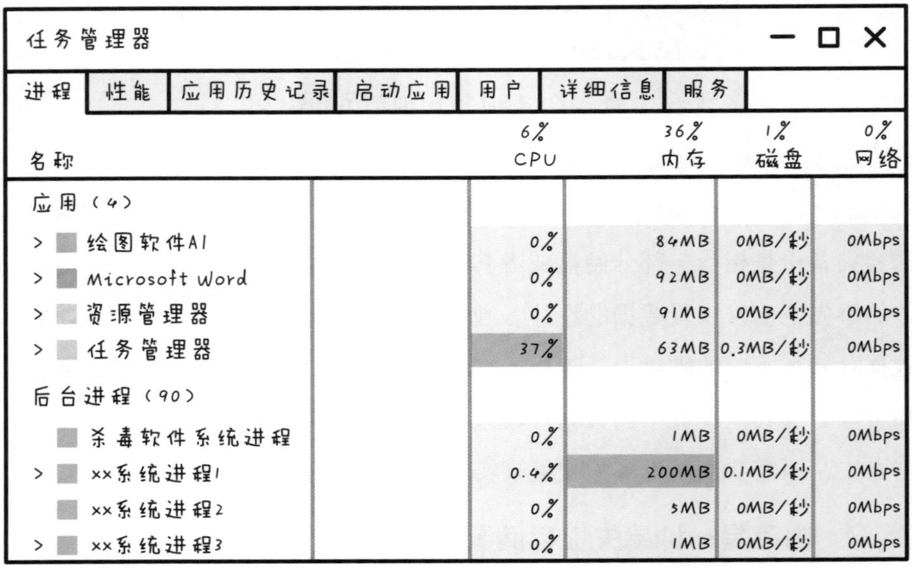

| 任务管理器 | | | — □ ✕ | | | |
|---|---|---|---|---|---|---|
| 进程 | 性能 | 应用历史记录 | 启动应用 | 用户 | 详细信息 | 服务 |
| 名称 | | | 6%<br>CPU | 36%<br>内存 | 1%<br>磁盘 | 0%<br>网络 |
| 应用 (4) | | | | | | |
| > ■ 绘图软件AI | | | 0% | 84MB | 0MB/秒 | 0Mbps |
| > ■ Microsoft Word | | | 0% | 92MB | 0MB/秒 | 0Mbps |
| > ■ 资源管理器 | | | 0% | 91MB | 0MB/秒 | 0Mbps |
| > ■ 任务管理器 | | | 37% | 63MB | 0.3MB/秒 | 0Mbps |
| 后台进程 (90) | | | | | | |
| ■ 杀毒软件系统进程 | | | 0% | 1MB | 0MB/秒 | 0Mbps |
| > ■ ××系统进程1 | | | 0.4% | 200MB | 0.1MB/秒 | 0Mbps |
| ■ ××系统进程2 | | | 0% | 5MB | 0MB/秒 | 0Mbps |
| > ■ ××系统进程3 | | | 0% | 1MB | 0MB/秒 | 0Mbps |

图 35-4　任务管理器中的内存使用率

　　当然，手机也可以视为一种计算机，因此在手机上也有内存。截止 2024 年，相对高端的手机通常配备约 6 ～ 8GB 的内存。虽然手机内存的大小通常不在宣传的主打内容中，但它仍然是一个至关重要的技术指标——如果手机内存容量太小，可能会降低整体使用体验，使用户感到手机操作比较卡顿。手机内存通常与手机的处理器性能相配合，一般而言，手机搭载的处理器速度越快，需要配备的内存也会越大。

## ▶ 35.4　手机广告中提到的"内存"通常不是计算机科学中的"内存"

　　很多手机广告提到的"内存"，实际上是指手机的外部存储设备。手机的外部存储设备被误称为"内存"，主要原因是早期的手机使用 TF 卡或 SD 卡作为外部存储设备，并将它们插入手机内部使用，因此很多人会将其称为内存卡。由于这个历史原因，久而久之，很多宣传中使用"手机内存"一词来指代手机的存储空间。如果仔细观察，可以偶尔看到有的厂家宣传真正的手机内存时，为了避免与"内存"混淆，会将真正的手机内存称为"运行内存"。

　　小龚不禁发问："所以手机的'内存'为 1TB 并不是指手机中央处理器的内存有 1TB？"

　　商老师表示肯定："没错，很多人理解的手机'内存'为 1TB，本质上可以看作给手机接了一个 1TB 的 SD 卡。当然，对于像你和赵律师这样的照片和视频重度用户来说，拥有 1TB 存储功能的手机还是很有吸引力的。但与此同时，也可以把云存储考虑为一个替代方案。云存储的兴起部分原因是，手机通常被视为消耗品，用户每隔一段时间会更换手机，而之前购买的 1TB 存储就不得不被丢弃，稍微有些可惜。如图 35-5 所示，云存储本质上是用户租用了一个能通过互联网来快速上传、下载的外部存储。云存储只需要用户每个月付少量的订阅费用，就可以通过网络将照片、视频的'原图'存在云端，在本地保留一个缩略图。当用户需要使用高分辨率版本时，再从云端实时下载。在当前无线网络普及、手机 4G/5G 流量价格不高的情况下，这种模式还是受到了很多用户的推崇。"

图 35-5　云存储

小龚听到商老师提到云存储，猛然醒悟，拉着赵律师说："对呀对呀，咱俩其实不用换新手机，去买个云存储账号就好了呀！"

# 第36章　网络：

# 为什么"1000M"的宽带网络没有"1000M"的运行速度

商老师的堂弟刚刚大学毕业工作，从学校宿舍里搬出来，租了房子，开通了宽带。商老师一家登门祝贺堂弟毕业，正式开始步入社会工作。

饭桌上闲聊时，堂弟吐槽道："现在运营商也太黑心了，我明明买了1000M的宽带套餐，这都用了好几天了，不管是高峰时刻还是一大清早，我下载文件的速度从来都没达到过1000M，早知道就买便宜一点的套餐了。"

商老师摆摆手："你说的这个1000M的下载速度，和运营商宣传的1000M本来就是两种不同的概念，只不过绝大部分人没有分清这两个概念，所以才产生了误会。"

## ▶ 36.1　bit 和 Byte 的区别

当人们讨论宽带套餐时，衡量带宽的单位通常是 bps（bit per second），如图 36-1 所示。这里的 bit 指比特，代表的是二进制中的一个数位（只有 0 和 1 两个可能的值），second 指秒，bit per second 指每一秒的比特数，综合起来代表数据以二进制编码传输的速度。而当人们在讨论文件下载速度时，衡量**文件下载速度的单位通常是 Byte/s (Byte per second，通常写为 B/s)**，这里的 Byte 指字节，代表的是二进制中的 8 个数位（共有 0 ～ 255 这 256 个可能的值），second 同样指秒，Byte per second 指每一秒的字节数，综合起来代表数据以字节编码传输的速度。字节和比特都是计算机科学中衡量数据大小的单位，但是 1 字节等于 8 比特。所以 1000Mbps 和 1000MB/s 之间存在 8 倍的差别，1000Mbps 换算到 B/s 其实是 125MB/s。如果细心观察，人们不难发现，宽带套餐里使用的单位是 bps，而文件下载使用的单位是 B/s。

图 36-1　宽带套餐与实际网速之间单位的区别：bps 与 B/s

堂弟立马掏出手机，翻出了当时购买套餐的记录："诶，还真写的是 bps，那好吧，但是就算是 125MB/s，这个速度也很难达到呀。"

商老师点点头："125MB/s 描述的是从互联网到用户网络入口的带宽。但是决定网速的因素很多，我们慢慢分析。"

## ▶ 36.2　网速的瓶颈可能让人意想不到

从计算机终端或者手机终端到互联网的这条道路上，会涉及多个连接，每一个连接都有自己的带宽。所谓带宽，是指特定连接上传输数据的速度上限。这些连接中带宽上限最小的那个，才决定了实际上用户体验到的带宽。人们可以把计算机终端或者手机终端到互联网的这条道路想象成一个自来水网络，计算机终端或者手机终端就好比家里的水龙头，互联网接口就好比自来水厂的水闸接口，自来水从自来水厂的水闸接口出发，需要经过多个管道才能到达用户家里。这些管道就好比网络连接，每条管道都有自己的流速上限，粗的管道上限大，细的管道上限小；而水的实际流速往往取决于最细的管道的流速。这些管道的流速限制类似于不同网络连接的带宽，**网络的实际速度往往取决于这些连接中带宽最小的。**

在手机、笔记本电脑普及的当下，人们多采用无线网络的形式来上网。因此，从计算机终端或者手机终端到互联网的这条道路上的**第一个连接**，往往是人们的上网设备到无线路由器之间的连接。无线路由器的技术已经经过了多代发展，从最早的 Wi-Fi 1 到了最新的 Wi-Fi 6。Wi-Fi 6 已经于 2020 年向消费者开放了。如图 36-2 所示，如果无线路由器使用了 Wi-Fi 4 或者更老的技术，即使用户连接了千兆网，即 1000Mbps 的网络，最初的连接仍会将网速限制在 600Mbps 或者更小的范围内。

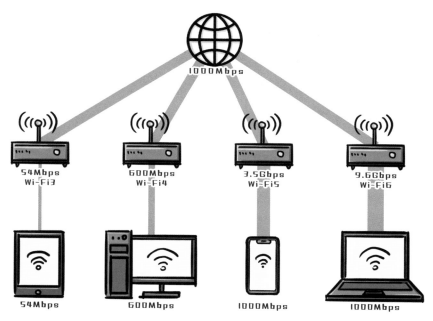

图 36-2　不同代 Wi-Fi 路由器的传输速度上限可能成为网速的瓶颈

## ▶ 36.3　为什么上传速度通常比下载速度慢

在第一个连接之后，下一个连接通常是从 Wi-Fi 路由器到互联网的连接。在很早的时候，人们通过拨号上网，其中最常见的技术是 ADSL（非对称数字用户线路）。如图 36-3 所示，使用 ADSL 技术，人们可以通过电话线上网，其中所有可用于通信的信道被分为三部分。其中很小一部分信道保留给电话使用；绝大部分信道保留给下行使用，即从互联网传输数据到本地计算机或手机终端使用；剩余的一部分信道用于上行，即从本地计算机或手机终端传输数据到互联网使用。

通常情况下，下行和上行的比例大约为 10 ：1。这一比例的设计主要有两个原因：①在 Web 2.0 之前，互联网主要是用户浏览和搜索内容，因此大多数用户没有上行需求；②即使在 Web 2.0 之后，大多数用户的下行需求仍然远远大于上行需求。这种上行和下行信道数的差异是 ADSL 名称中"非对称"的由来，并且这种非对称的思想一直沿用至今，因此通常上传文件的速度是下载文件的速度的十分之一。

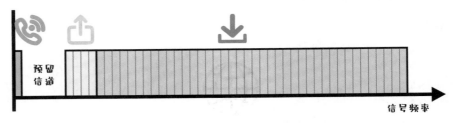

图 36-3　ADSL 上网模式下的信道分配

## ▶ 36.4　网速为什么会随着时间波动

现在的网络连接技术已经不再使用电话机拨号上网，现在的网络连接技术主要分为两类：

（1）入户光纤（Fiber-To-The-Home，FTTH）：入户光纤是目前大多数运营商推广的最新连接方式。光纤是一种用光作为介质来传播的材料。众所周知，光的速度非常快。使用光来传播数据，速度可以非常快。并且，在入户光纤模式下，每个用户都直接接入光纤，因此不会与任何人分享带宽。

（2）同轴电缆（Coaxial Cable）：同轴电缆本来是为电视设计的，但现在改造后被用于网络连接。数字电视其实是使用同轴电缆传输数据的一个例子。同轴电缆相比于入户光纤来说费用较低，并且在电视时代已经广泛使用。

在一些老旧的小区中，仍然使用同轴电缆进行网络连接，而尚未拥有入户光纤。这些小区通常会有一条高带宽的连接线，例如光纤或光缆直接连接到小区的总入口，然后将带宽实时分配给小区内的住户上网。在这种情况下，网速会有峰值和低谷。当同时上网的住户较少时，每个人分配到的带宽相对充足；而当同时上网的住户较多时，总带宽就不够分配了，每个人分到的带宽就会受到限制。类似的情况也会在手机蜂窝网络中偶尔发生，如果某个区域的手机用户过多，例如在拥挤的球赛或演唱会上，就会出现很多人无法连接或网速特别慢的情况，这也与带宽和信道的分配有关。

　　堂弟听到这里茅塞顿开，说："我租的房子确实是老旧的房子，而且暂时还没有入户光纤。原来是这个原因影响了网速啊！那我再问几个相关的问题，Wi-Fi路由器经常有2.4GHz和5GHz两个选项，这两者有什么区别？和网速有关系吗？"

## ▶ 36.5　Wi-Fi里的2.4GHz和5GHz是什么意思

　　商老师回应："2.4GHz和5GHz中的GHz指的是无线传输所使用的无线电波的波长。2.4GHz通常信号更稳定，但是网速更慢；5GHz穿墙能力弱，但是网速更快。当然，我这里说的'网速'指的是从计算机终端或者手机终端到路由器的这个第一道连接的速度，从路由器到互联网的速度由宽带套餐和运营商决定。现在很多路由器都同时支持这两种频段，可以根据设备的连接情况动态调整。"

　　堂弟点点头："原来宽带和网速里面还有这么多知识呢，让我慢慢琢磨琢磨。当然，首要的一件大事是，我得去问问我们这个小区什么时候可以光纤入户！"

# 第 37 章　物联网：
# 体感游戏的秘诀

商老师的表姐最近下定决心要锻炼身体，她花大价钱买了游戏机，想利用一些体感游戏来锻炼。从此，表姐便热衷于邀请各种人来家里和她进行体感游戏的 PK，比如一些舞蹈游戏的 PK。但是，她发现自己即使很卖力，很认真地把动作做到位，有时候也不能赢得比拼。

这天，表姐邀请商老师和她一起 PK 舞蹈游戏，如图 37-1 所示，在游戏的

图 37-1　体感舞蹈游戏两人 PK 的示意图

过程中，表姐发现商老师做的一些动作不如自己标准，但依然拿到比自己高的评分，很不服气，抱怨道："怎么又是这样，为什么我做得比你标准，你的得分还比我高啊！我和别人 PK 好多次也是这样，这不公平啊！"

商老师连忙安慰道："别这么较真儿呀，我给你解释一下体感游戏是怎么给玩家的动作评分的，你就能明白这所谓的'不公平'只是一些难以避免的误差罢了。"

## ▶ 37.1　体感游戏如何评分

体感游戏是通过一个或多个游戏手柄上的**传感器**（Sensor）进行评分的，通过这些传感器，游戏可以根据玩家动作的标准程度予以评分。举个例子，在某些体感舞蹈游戏中，如任天堂旗下的《舞力全开》（*Just Dance*），玩家需要在手腕处佩戴游戏手柄进行游戏；在某些体感运动游戏中，如任天堂旗下的《健身环大冒险》（*Ring Fit Adventure*），玩家需要在大腿处佩戴游戏手柄，同时还需要手持与该游戏专门匹配的健身环进行游戏。手柄和健身环中都配备了一个或多个传感器以感测玩家的动作。还有一些游戏机，比如配备了 Kinect 的 Xbox，可以用的传感器还包括一些摄像头和景深信息等。这些游戏设备上的传感器通过蓝牙或者其他方式连接在一起，就组成了一个**物联网**（Internet of Things，IoT）。

物联网是互联网（又叫因特网，Internet）在现实世界中的延伸。在互联网的范畴下，计算机（包括智能手机、平板电脑等）之间进行连接、交流和沟通；而在物联网的范畴下，现实世界中的物体通过传感器进行连接、交流和沟通。IoT 中的 Things 就是指广义上的传感器。如图 37-2 所示，物联网主要是将诸如汽车、智能家居、游戏手柄、手机等设备上的传感器通过数据的交换、同步连接起来了，形成了一个不同传感器之间的网络。

体感游戏就是通过物联网来收集玩家的数据，比如手部的移动、大腿的移动、健身环上施加的力、旋转的方向等，并在游戏机上对这些数据进行进一步的计算和加工，从而推测玩家的动作是否和要求的一致，并依此给予评分。

图 37-2　物联网示意图

常见的传感器之一是**惯性测量单元（Inertial Measurement Unit，IMU）**。一个 IMU 传感器通常包含**三轴陀螺仪**和**三个方向的加速度计**。三轴陀螺仪一般定义了三维空间中三个相互垂直的 $X$、$Y$、$Z$ 轴——其中 $Z$ 轴一般对应人们平时所说的竖直方向，即重力方向；$X$ 轴和 $Y$ 轴的方向，则需要根据该传感器具体的安装位置来定义。三个方向的加速度计则关注了 $X$、$Y$、$Z$ 轴这三个方向上的速度的变化率。总的来说，利用三轴陀螺仪和加速度计，IMU 传感器可以非常准确地刻画出三维空间中的加速度状态。从数学和物理的角度来看，有了加速度，人们就可以通过累加或者微积分推导出速度、位移等一系列物理量，来刻画佩戴者的运动轨迹。

很多体感游戏的游戏手柄中都配备了 IMU 传感器或者与其类似的传感器。玩家在身体不同部位佩戴的传感器将数据传到游戏主机，游戏主机进行计算，就可以推测玩家的动作是否和游戏的要求一致。

## ▶37.2　体感游戏评分难免有误差

当物联网中的传感器数量达到一定规模时，传感器从物联网中收集的数据也会达到一定的规模，足够多的数据可以确保游戏主机计算和推测的准确性。

在理想状态下，玩家的动作稍有偏差就会被检测到。但在实际生活中，这种理想状态是很难实现的。首先，传感器的数量需要足够多，而更多的传感器就意味着玩家需要花更多的钱来购买游戏；其次，玩家佩戴过多的传感器会极大地影响游戏体验。因此在现实生活中，体感游戏往往都只会使用一个或几个传感器。

商老师进一步向表姐解释道："正因为如此，体感游戏的评分难免会存在误差。像我这种'消极'玩家可能会想一些偷懒的办法了——只要在不影响传感器推测的情况下，就可以随意做动作，怎么轻松怎么做。就好像咱们现在玩的《舞力全开》，由于只有在手腕处有一些传感器，一些腿部的动作基本不会对评分有影响。所以，你跳舞的时候可能腿部动作做得特别标准，但是对你的评分帮助不大；而我跳舞的时候腿都没怎么动过，只是确保手部动作做到位就好了。这也就是你的动作总体比我标准但得分却没有我高的原因呀。"

表姐愤愤然："玩个游戏也需要计算机科学知识呢。那前段时间我还经常和我的同事 PK 手机统计的每日步数，这个步数统计也可能存在误差呢。"

商老师点点头："确实如此。咱们可以再聊聊步数统计这个事儿。"

物联网的运用远远不止于体感游戏。生活中有不少人热衷的步数记录 App，也和传感器组成的物联网息息相关。

## ▶ 37.3　记步数到底有多可靠

俗话说"饭后百步走，活到九十九"。散步自古以来就是中国人喜闻乐见的饭后消食运动。21 世纪的当下，步数记录工具越来越普及，如智能手机、智能手表等，以及步数分享平台如微信跑步、咕咚跑步等，人们查看自己的步数并和好友一较高下的热情高涨，万步走、健步走还有晒步数，更是成了一种时尚，如图 37-3 所示。

这些智能手机和智能手表中有非常多的传感器，其中就有 IMU 传感器或者与之类似的传感器。与体感游戏类似，安装在智能手机或智能手表中的步数记录软件通过对传感器数据的加工，便可以推导出当日的总步数。

图 37-3 步数排行榜示意图

商老师继续和表姐聊道："和体感游戏评分系统下误差产生的原理一样，智能手机和智能手表统计出来的步数也不是百分之百精确的。你可以做一个小实验，如果你某天携带两个互不通信的智能手机，即使它们在同一个口袋里，它们所统计出来的当天的总步数或多或少会存在差异。当然，这个实验需要确保满足'互不通信'的条件，即两个手机之间没有任何蓝牙、网络等连接，以确保它们的步数统计完全是独立完成的。"

表姐附和道："不用实验了，上个月你姐夫的手机蓝牙坏了，让我带去单位附近维修，结果我那天上班特别忙忘记了，你姐夫的手机和我的手机都揣在我兜里带回了家。我那天晚上还在纳闷，这两个手机统计的步数怎么还不一样呢（如图 37-4 所示）？"

商老师哈哈大笑："其实，这样的困扰在智能设备出现之前就有了。"

在智能设备出现之前，人们是通过佩戴在腰间的机械计步器来统计步数的。机械计步器的工作原理是通过一个机械摆锤来感知佩戴者重心的变化，并根据这种中线的变化来推断和统计步数。机械摆锤会随着佩戴者的行走而摆动，并触碰记步器中的金属片，摆锤和金属片触碰的瞬间会连通记步器中的电路，以此进行步数统计。当然，除了佩戴在腰间的机械计步器，还有佩戴在手腕处或者身体

图 37-4　一个人把两部手机装在兜里，经常出现两部手机统计步数不一样的情况

其他部位的机械计步器，它们的原理都是差不多的。但是，因为人们在行走的过程中，腰部的上下位移最为明显，所以传统计步器以腰间佩戴最为常见。这种传统机械计步器的准确度极低且不稳定。如果人们把两个机械计步器同时佩戴在腰上，即使佩戴的位置是非常接近的，最终它们的读数往往不尽相同。

## ▶ 37.4　传感器之间如何联动提高准确度

从计算机科学的角度来看，无论是传统的机械计步工具，还是当下的电子计步工具，它们都是广义上的传感器。不同计步工具在同一佩戴者身上产生不同计步读数的背后，是因为不同的传感器之间**"互不通信"**。如何统一规划这些传感器、利用这些传感器收集的数据，并最后推导出尽可能准确的步数估计？这个问题便是物联网研究范畴下的一个专题。

在步数统计的应用场景下，人们不仅需要对传感器收集的数据进行数学和物理推导，还需要结合智能设备的佩戴位置进行考虑。比如手机到底在哪个位置？是被放在了裤子的口袋里，还是被绑在手臂上？是一个高个子的人在走路，还是一个小狗绑着手机在走路？这些都是步数统计的算法模型需要进行斟酌和考虑的——算法模型需要根据不同传感器读数的规律进行推断。

在物联网出现之前，将多个不同设备中的传感器同步起来使用是一个非常困难的事。物联网的出现使得多设备之间的传感器同步与联动成为可能。以人工智能和物联网结合的应用为例，物联网增加了人工智能模型可以使用的传感器的范围。有些传感器的佩戴位置固定，比如耐克的 Nike+ 传感器，在正确佩戴的情况下，总是位于人的某只鞋的脚底；再比如智能手表，通常是佩戴在人的两个手腕上。有些传感器的佩戴位置相对灵活，比如手机，人们可能会把手机随身放在很多不同的地方。这些不同的传感器之间的数据还能交叉验证，修正误差。所以，当人们穿戴的传感器设备越多，这些传感器相互之间连接得越多时，算法模型最后的步数统计就会越准确。

表姐听完，如释重负："那看来不是我跳舞的动作不标准呀，只是因为我拥有的传感器还不够多呢！"

商老师应声附和："确实是这么回事。总的来说，当越来越多的传感器加入物联网中时，计算机科学家能做到的事也会越来越多、越来越精确。除了咱们现在聊的体感游戏和步数统计，智能可穿戴设备、智能家居、智能汽车等，越来越多的计算平台在物联网的基础上正在被创造出来，与此同时，人类的生活也变得越来越便捷。"

# 第38章 分布式计算: 一小时做完年夜饭

商老师在国外居住多年,许久未能与家人一起过春节。这一年的春节,商老师的父母来美国探亲,商老师难得有机会与家人共享一顿年夜饭。商老师的爸爸老商喜好烹饪,在往年的中国春节,年夜饭都是由他掌勺。老商以为这一年的年夜饭仍会由他来掌勺,商老师却摆摆手:"来美国就不用你掌勺啦,今年的年夜饭我来负责。"

老商仍然坚持,商老师问道:"那你做一顿适合我们四个人的年夜饭大概要多长时间呢?"老商估摸着:"那估计需要花一个下午了。"商老师笑着说:"我只需要一个多小时就能做好哦(如图38-1所示)。"

图 38-1 下午四点多,商老师刚下班,准备去做饭,老商非常担心

249

老商不以为然，于是商老师就让老商拭目以待。这一年的春节刚好是美国的工作日，老商看到商老师一整天都在工作，直到下午四点多才慢悠悠地走进厨房。老商心想年夜饭估计是要泡汤了。结果，下午六点钟刚过，老商听到商老师在餐厅里叫大家去吃年夜饭。

老商将信将疑，走进餐厅一看，商老师真的用一个多小时就准备好了一桌年夜饭。只见商老师陆续端上了清蒸鲈鱼、笋干老鸭汤、烤羊排、香烤小土豆、蛋黄焗南瓜和素炒青菜。老商怎么也想不明白商老师是如何在一个多小时的时间里做完这六道菜的。老商一脸困惑地向商老师问道："你是怎么做到的（如图38-2所示）？"

图38-2　一桌年夜饭在六点多一点就完成了，老商非常惊讶和惊喜

商老师故作神秘地说道："因为我懂计算机科学嘛！其实烹饪，尤其是像年夜饭这种一大桌的菜肴，与计算机科学里的分布式计算有许多相似之处。"

## ▶ 38.1　锅碗瓢盆都是烹饪过程中的"计算节点"

**分布式计算**（Distributed Computing）主要是指利用多台计算机的资源来高效地解决一个庞大、复杂的计算问题。通常情况下，需要分布式计算解决的复杂问题是无法在单个计算机上完成的。分布式计算涉及的计算机范围广泛，如图38-3所示，既包含人们日常使用的台式机、笔记本电脑、智能手机和智能手表等，也包括昂贵的服务器和超级计算机等。分布式计算中涉及的各种计算机通常被称为计算节点（Computer 或者 Node）。将这种概念应用到烹饪的情境下，烹饪所需要的各种工具就可以被看作烹饪过程中的"计算机"，砧板、水槽、炉灶、蒸箱、烤箱、微波炉等都可以看作"计算节点"，如图 38-3 所示。

图 38-3　不同的计算机与不同的烹饪工具的类比

烹饪一大桌年夜饭显然是一个庞大、复杂的任务：烹饪的过程中几乎不可能仅使用一种烹饪工具。如果将烹饪年夜饭的过程看作一个"计算"问题，那么如何充分利用烹饪所需的各种工具来提高烹饪效率，就是"分布式计算"。

## ▶ 38.2　分布式计算和烹饪共同面对的问题

分布式计算是极其复杂的计算过程，其核心目标是提高计算过程的效率。因此，在分布式计算中，**如何将不同的计算任务合理地调度和分配到不同的计算节点上**，是一个至关重要的问题。同样地，在烹饪情境下，"分布式计算"需要合理地安排各类烹饪工具，并将不同的烹饪任务安排到适当的烹饪工具上，这个过程同样存在分布式计算中的难点，如图 38-4 所示：

- 同一个计算任务在不同的计算节点上运算的时间是不同的。对于同一道菜品，例如包子，同样从冷冻的状态开始，如果用微波炉直接加热，大概需要2分钟；用煎锅加热并煎熟，大概需要15分钟；用蒸箱加热，大概需要20分钟。

● 同一个计算任务中的子任务，或者不同的计算任务之间会有依赖关系。例如素炒青菜，在炉灶上炒青菜之前，需要先在砧板上将青菜切碎；在切碎之前，需要先在水槽里清洗。又例如，为了保证年夜饭的大部分菜品能够同时出锅，烹饪用时较长的菜品需要在烹饪用时较短的菜品烹饪之前就开始准备。

● 计算节点在处理计算任务时会有一定的出错、宕机的概率。例如，用空气炸锅烤羊排时，可能出现羊排烤过甚至烤焦的情况。

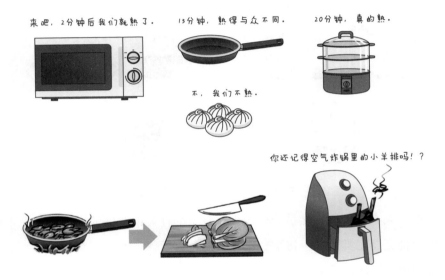

图 38-4　分布式计算中的 3 个难点

## ▶ 38.3　高效烹饪与高效分布式计算的核心都在于调度协调

在计算机科学领域，分布式计算通常需要高效的**调度算法**解决计算任务与计算节点之间的调度问题。

（1）调度算法的首要目标是尽可能将计算任务安排到处理时间短的计算节点上。在烹饪的例子中，同样可以借鉴这个原则，以确保在口感差不多的情况下，优先选择效率较高的烹饪工具。例如烤羊排，如果用空气炸锅和烤箱烤出来的羊排口感差别很小，那么就可以优先使用空气炸锅，从而省去烤箱的预热过程。

（2）调度算法会尽可能地解耦计算任务，以便让不同的任务可以在不同的计算节点上同时运行。在烹饪场景中，如果有专门的电炖锅，则可以用来煲笋干老鸭汤，以便在炖汤的同时空出炉灶来处理其他菜品。

（3）调度算法还会考虑容错需求。在烹饪过程中，同样需要考虑容错性。例如，在使用空气炸锅烤羊排时，如果不熟悉火候，可以先设置较短的烹饪时间，然后根据羊排的情况逐步调整。为了保险起见，可以先烤制一两根羊排进行试验。但无论采用哪种方案，都应事先考虑容错性所带来的时间成本。

分布式计算涉及多个计算节点的调度，这些调度通常需要通过一个或多个**中心节点**来完成。尽管中心节点本身也是计算节点，但它会了解其他各个节点的情况，从而能够从全局的角度进行统筹规划。如图 38-5 所示，在最简单的分布式计算中，通常是由一个中心节点来完成任务调度的。中心节点通过持续地与其他计算节点通信，为它们分配任务，从而协调和安排各个计算节点和任务之间的执行。在烹饪年夜饭的场景下，主厨就扮演了"分布式计算"中的"中心节点"的角色，主厨通过使用不同的烹饪工具执行烹饪任务，并协调各个烹饪工具之间的调度。

图 38-5　中心节点和其他计算节点通信、调度的示意图，与主厨操作不同烹饪用具类似

商老师说到这里，顿了顿，跟老商聊道："怎么能够高效地做完这一桌年

夜饭，我可是动了脑筋，采用了'分布式计算'的概念呢！你看，我首先预热了烤箱。同时，因为笋干老鸭汤需要炖的时间最长，我先把笋干老鸭汤放进电炖锅里。接下来在砧板上处理好青菜、土豆、南瓜等蔬菜。这时烤箱基本预热好了，我把小土豆放入烤箱里。接下来，我把羊排切好，放入空气炸锅里。在等烤箱和空气炸锅工作的同时，我处理鲈鱼，放入蒸锅里蒸 7～8 分钟。最后，在等待鲈鱼蒸熟的时候，我在炉灶上炒好青菜和蛋黄焗南瓜。这样一来，我的整个烹饪流程，几乎所有的'计算节点'都在同时处理任务，效率很高。当然，这些菜品我平时都非常熟悉了，烹饪过程中出错的概率比较小，容错程度很高（如图38-6所示）。"

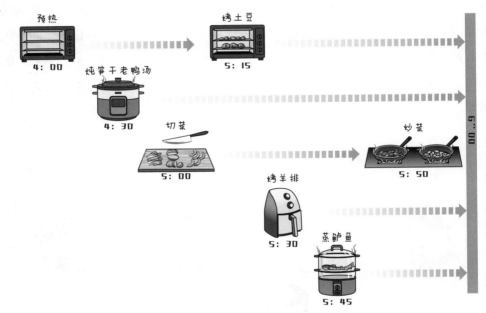

图 38-6　操作流程可视化

　　老商调侃道："那还不是因为你家里七七八八的工具多，又有烤箱，又有空气炸锅，还有电炖锅和蒸锅。我自己的家里可没有这么多工具。"

　　商老师大笑："分布式计算最重要的就是部署计算节点资源呀！"

### ▶38.4　计算资源决定了分布式计算的上限

　　分布式计算之所以可以解决大规模、复杂的计算问题，正是因为它能够充分利用多台计算机资源。有一个著名的分布式计算项目叫作 SETI@Home，它于 1999 年由美国加州大学伯克利分校（University of California，Berkeley）发起。

该项目的目标是利用志愿者们日常使用的计算机闲暇时间来分析无线电等数据，以寻找外星智能生命存在的证据。截至 2020 年 3 月，历史上参与过该项目的计算机已经超过 100 万台（商老师小时候也用自己的电脑参与过这个项目），目前，该项目仍有超过 14 万台计算机在参与分布式计算。但截至目前，还没有发现足够的证据可以证明外星智能生命的存在。

　　云计算（Cloud Computing）也是一种分布式计算系统。在云计算系统中，用户不再拥有任何计算节点，而是向云计算厂商租用计算节点。云计算厂商为客户准备了大量的计算机。用户可以根据需要，指定需要多少计算机来完成自己的计算任务。由于计算任务的量可能会随着时间的变化而变化，云计算平台提供了高峰扩容和低谷缩容的可能性。

## ▶ 38.5　生活中的其他分布式计算

　　生活中另一个分布式计算的例子是统计投票（即唱票）。如图 38-7 所示，在竞选年级大队长需要统计投票时，老师往往会将计票任务分发给几个不同的计票员，每个计票员负责统计某几个班级的投票，然后再汇总这些计票员的统计数据。这个过程实际上就是一个分布式计算，每一个计票员都可以看作这个分布式计算中的计算节点。

图 38-7　唱票的过程也是一个分布式计算的例子

　　老商点点头：“计算节点资源确实重要。那我们赶紧尝尝在你的‘分布式计算’下做好的年夜饭吧！”